# CIUDADES FLOTANTES

INNOVANT PUBLISHING
SC Trade Center: Av. de Les Corts Catalanes 5-7
08174, Sant Cugat del Vallès, Barcelona, España
© 2021, Innovant Publishing
© 2021, Trialtea USA, L.C.

Director general: Xavier Ferreres
Director editorial: Pablo Montañez
Coordinación editorial: Adriana Narváez
Producción: Xavier Clos

Diseño de maqueta: Oriol Figueras
Maquetación: Mariana Valladares
Equipo de redacción:
Redacción: Juliana Muñoz Tavella y Fernando Muñoz Pace
Edición: Mónica Deleis
Corrección: Martín Vittón
Coordinación editorial: Adriana Narváez

ISBN: 978-1-68165-881-0
Library of Congress: 2021933750

Impreso en Estados Unidos de América
*Printed in the United States*

# ÍNDICE

# INTRODUCCIÓN

La película *Waterworld* (1995), con Kevin Costner, predice un futuro apocalíptico. Según el film, hacia el año 2500, tras derretirse los casquetes polares, el mar ha cubierto casi toda la Tierra. Entonces, lo que queda de la humanidad debe vivir sobre el agua. Muchos autores recuerdan esta superproducción de Hollywood cuando se refieren a las ciudades flotantes. Y con razón. Expertos de la Universidad de Colorado-Boulder, liderados por Steve Mereen, compararon imágenes satelitales de 1993 y de 2018. Comprobaron que, en esos veinticinco años, el nivel del mar había aumentado 7 cm. Sin embargo, teniendo en cuenta los imprevisibles efectos del cambio climático, calcularon que esta subida podría acelerarse, y hacia 2100 llegaría a 65 cm, en lugar de los 30, si la tasa de crecimiento fuera constante. El Panel Intergubernamental de Expertos sobre el Cambio Climático, en tanto, pronostica una subida de alrededor de 98 cm. ¿Qué pasaría entonces? Las áreas costeras estarían en serio riesgo por inundaciones cada vez más frecuentes. En 2019, un estudio de Climate Central estimó que, en 2050, esto afectaría a unos 300 millones de personas, la mayoría en el Sudeste Asiático.

Una respuesta a esta amenaza se encuentra en manos de ingenieros y arquitectos innovadores que proyectan ciudades flotantes e incluso submarinas. De alguna manera, siguen una tendencia nacida en los Países Bajos, que le ganó al mar casi un 30% de su superficie. Después de construir fenomenales barreras, diseñan casas flotantes para convivir con el agua. Hasta la turística Venecia, con su proyecto de compuertas, podría servir de ejemplo. Y, por qué no, Palm Jumeirah, que Dubái hizo solo de rocas y arena. O la ecologista Oceanix City y la subacuática Ocean Spiral. Otros escenarios posibles para desplegar la vida.

1

# DE ISLAS, CANALES Y FUTURO

## Ganarle espacios al mar

Venecia, construida sobre una laguna, resistió durante siglos. Pero un lento hundimiento e inundaciones cada vez más frecuentes obligaron a protegerla. Ámsterdam y los Países Bajos, dos ejemplos de cómo ganarle tierras al mar y administrar el agua de manera exitosa.

Algunas fachadas de Venecia muestran el daño que causa el agua salada y hasta dónde se inunda durante el *acqua alta*.

Si bien vivimos en un planeta llamado Tierra, es sabido que la mayor parte de su superficie está cubierta por agua. Entonces, no sorprende que millones vivan a orillas de ríos, lagunas o mares. Puede llamar la atención, sin embargo, que hayan surgido ciudades en terrenos no aptos para la edificación, como una laguna o en lugares cenagosos, inundables.

Esto ha sido posible gracias a distintas obras de ingeniería, a lo largo de los siglos. Diques, pilotes de madera y, sobre todo, canales distinguen a estas ciudades. El nombre de la más conocida de ellas, Venecia, se convirtió prácticamente en sustantivo común para denominar a las demás. Así, casi cualquier ciudad construida sobre canales lleva el apodo de «Venecia»: Ámsterdam es la «Venecia del Norte» y Sausalito, la «Venecia del Oeste». Y lo mismo ocurre con Estocolmo y Fort Lauderdale, entre otras.

## VENECIA

Construida sobre 118 islas rodeadas por 177 canales y unidas por 416 puentes, Venecia es la «ciudad flotante» más conocida y visitada del mundo. Cada año, unos 20 millones de turistas llegan a sus lugares emblemáticos, en especial a la plaza San Marco, y navegan el Gran Canal que, como una gigantesca S, divide los seis barrios principales, o *sestieri*. Desde hace siglos, la ciudad se mantiene en pie gracias al ingenio de sus habitantes. Y el único palacio que se ha derrumbado fue el de una película de James Bond (*Casino Royale*, 2006). Sin embargo, su espectacular arquitectura y su diseño urbano contrastan con una población estable que va en disminución y no supera los 60.000 habitantes.

La grandeza de Venecia y sus problemas tienen que ver con el agua que la rodea y la atraviesa por doquier. Desde el principio mismo de su existencia. La fundación mítica ocurrió el

# DE ISLAS, CANALES Y FUTURO

## Ganarle espacios al mar

Venecia, construida sobre una laguna, resistió durante siglos. Pero un lento hundimiento e inundaciones cada vez más frecuentes obligaron a protegerla. Ámsterdam y los Países Bajos, dos ejemplos de cómo ganarle tierras al mar y administrar el agua de manera exitosa.

Algunas fachadas de Venecia muestran
el daño que causa el agua salada y hasta
dónde se inunda durante el *acqua alta*.

Si bien vivimos en un planeta llamado Tierra, es sabido que la
mayor parte de su superficie está cubierta por agua. Entonces, no
sorprende que millones vivan a orillas de ríos, lagunas o mares.
Puede llamar la atención, sin embargo, que hayan surgido ciudades en terrenos no aptos para la edificación, como una laguna o en
lugares cenagosos, inundables.

Esto ha sido posible gracias a distintas obras de ingeniería,
a lo largo de los siglos. Diques, pilotes de madera y, sobre todo,
canales distinguen a estas ciudades. El nombre de la más conocida de ellas, Venecia, se convirtió prácticamente en sustantivo
común para denominar a las demás. Así, casi cualquier ciudad
construida sobre canales lleva el apodo de «Venecia»: Ámsterdam
es la «Venecia del Norte» y Sausalito, la «Venecia del Oeste». Y lo
mismo ocurre con Estocolmo y Fort Lauderdale, entre otras.

## VENECIA

Construida sobre 118 islas rodeadas por 177 canales y unidas por
416 puentes, Venecia es la «ciudad flotante» más conocida y visitada del mundo. Cada año, unos 20 millones de turistas llegan
a sus lugares emblemáticos, en especial a la plaza San Marco, y
navegan el Gran Canal que, como una gigantesca S, divide los seis
barrios principales, o *sestieri*. Desde hace siglos, la ciudad se mantiene en pie gracias al ingenio de sus habitantes. Y el único palacio que se ha derrumbado fue el de una película de James Bond
(*Casino Royale*, 2006). Sin embargo, su espectacular arquitectura y
su diseño urbano contrastan con una población estable que va en
disminución y no supera los 60.000 habitantes.

La grandeza de Venecia y sus problemas tienen que ver con
el agua que la rodea y la atraviesa por doquier. Desde el principio mismo de su existencia. La fundación mítica ocurrió el

El agua ingresó a este
local de Venecia durante
las inundaciones de
noviembre de 2019.

12

25 de marzo del año 421. Por
aquellos tiempos, el Imperio
romano comenzaba a desmoro-
narse y los bárbaros asediaban
a los habitantes de los pobla-
dos de Aquilea (que fue des-
truida), Padua, Altino, Oderzo
y Concordia. Ellos huyeron
hacia las islas planas de una
laguna ubicada entre la costa
italiana y el Adriático, la laguna
Veneta, de 51 km de largo por
14 de ancho, separada del mar
por una franja de arena conocida como Lido. Este lugar de
tierras blandas les pareció adecuado para esconderse de sus
rivales. En 726 fue elegido
el primer *dux*, o gobernante
de Venecia, y en el siglo VIII
comenzaron a poblar la zona
de Rivus Alto (Rialto), el corazón de la ciudad. En su artículo
«Agua y ciudad: sumérgete en
la historia de la construcción
de Venecia», Julia Brant explica
el proceso de construcción. El
primer paso, dice, consistió
en drenar la superficie para
obtener islotes donde levantar las casas. Hacia el siglo XV,
había unos 118 islotes de unos

Turistas se protegen de la lluvia en la inundada plaza San Marco, en noviembre de 2019.

La plaza San Marco, con la basílica
y el Campanile, a la derecha,
durante la inundación de 2019.

120 km² cada uno, separados por cerca de 400 km de canales. Cada islote tenía una plaza central, una iglesia y, a su alrededor, un conjunto de casas.

El secreto de la construcción de Venecia está debajo del agua y son los millones de pilotes de madera que la sostienen. Como la capa superior del suelo, de arena y fango, no era apta para los cimientos, los venecianos trajeron miles de troncos de roble, aliso y alerce (los *pali*) y los enterraron unos 10 metros hasta alcanzar una capa de arcilla más profunda y estable. De esta manera, transmitieron la carga a un terreno más firme. Y contra lo que podría suponerse, la madera de los *pali* no se pudre. Brant explica que el barro entre los pilotes generó una reacción química con la madera y la aisló del contacto con el oxígeno. De este modo, nació una base impermeable y resistente.

Para concretar los cimientos, sobre esta primera capa, los constructores pusieron otra capa, realizada con tablas de madera, para nivelar el suelo y distribuir el peso de los edificios. Otro elemento clave de la construcción es el borde de piedra de la región que rodea la mampostería y está en contacto con el agua. Esta piedra protege de las filtraciones y fue ubicada a la altura de las mareas.

Como los edificios debían ser livianos y flexibles, la mayoría se construyó con ladrillos de arcilla porosa y mortero de cal en lugar de cemento, porque es un material más flexible. Tampoco son muy altos (tres o cuatro pisos) y su estructura presenta grandes ventanales y columnas finas. Los pisos son de madera y las vigas han sido diseñadas de manera tal que los edificios soporten terremotos, como el que afectó a la vecina región de Friuli, en 1970.

En una ciudad rodeada de agua salada, obtener agua potable también era un desafío, pero los venecianos lo superaron con ingenio: hay 900 pozos (muchos de ellos, en los patios de los palacios) para recoger el agua de lluvia, que luego era conservada con una capa de arena, para quitarle la sal.

Los grandes edificios de la ciudad, muchos de ellos verdaderos palacios, son una muestra de la grandeza de la República de Venecia, que llegó a dominar el comercio del Mediterráneo hasta su caída en el siglo xvIII, preludio de su incorporación a Italia, en 1866.

En 1631 se construyó la iglesia Santa Maria della Salute, en el barrio de Dorsoduro. Debajo de ella hay 1.106.657 pilotes de madera, cada uno de 4 metros de largo. Cimiento de un edificio que fue terminado en dos años y medio. Otro ejemplo de esta arquitectura es el Ponte di Rialto, durante siglos el único que cruzaba el Gran Canal y que ahora no solo conduce peatones sino cables de electricidad y cañerías de agua y gas. Lo sostienen unos 12.000 pilotes de madera que se hunden 3 metros en el suelo arcilloso. Construido hace unos 400 años, pesa unas 10.000 toneladas.

El único edificio que se derrumbó –a diferencia de los palacios– fue el Campanile, el más alto de Venecia (98,5 m), construido en el año 902 como campanario de la basílica, torre de vigilancia y faro. En *Teoría, historia y restauración de estructuras de fábrica*, Jacques Heyman (1925) explica cómo el Campanile soportó casi mil años en pie, hasta su colapso en 1902, que duró tres días y fue analizado en detalle. La causa de la caída, afirma, no estaba en un problema geotécnico sino en una grieta vertical presente en la estructura durante un siglo. El Campanile soportó incendios y destrucciones parciales causadas por rayos, como el que cayó en el siglo xvIII, y hubo que reparar una treintena de grietas. A finales de esa centuria se instaló un pararrayos igual al original.

Más allá del colapso real del Campanile y del ficticio de un *palazzo* en el cine, las amenazas al futuro de Venecia no radican en sus ingeniosos cimientos, sino en el hundimiento del terreno y en la subida del nivel del mar.

El fenómeno conocido como *acqua alta* afecta a la ciudad cada vez con mayor frecuencia. En esos casos, la marea sube y el agua salada inunda algunos sectores, en especial la plaza San Marco, uno de los más bajos. En los edificios, las marcas de la marea dejan un tono verde y han permitido determinar hasta dónde llega el

18

agua durante el *acqua alta*. Parte de estos datos proviene de las pinturas del veneciano Bernardo Bellotto (1721-1780) y posibilitan comparar la altura de la mancha verde. Desde el siglo XVIII, esta comparación muestra un hundimiento de unos 80 cm, es decir, 2,5 cm cada diez años.

Para muchos expertos, la construcción de la zona industrial de Marghera, sobre tierra firme, en la década de 1920, aceleró el hundimiento de Venecia. El drenaje de los acuíferos aumentó considerablemente y, entre 1950 y 1970, el hundimiento fue de unos 12 cm. En esa época ocurrió la mayor inundación registrada hasta la actualidad, la del 4 de noviembre de 1966, cuando el agua alcanzó los 194 cm. En 1973 el gobierno restringió la extracción de agua a medio centenar de perforaciones.

Sin embargo, los problemas para Venecia no terminaron del todo. El aumento del nivel del mar registrado en las últimas décadas hace que el *acqua alta* se dé cada vez con mayor frecuencia. Antes, la plaza San Marco se inundaba 5 o 7 veces por año, pero en los años 2000 ocurrió unas 80 veces. En 2004, el agua alcanzó los 135 cm e inundó casi el 80% de la ciudad. Y la segunda peor inundación, solo superada por la de 1966, ocurrió en noviembre de 2019, cuando la marca fue de 187 cm.

La humedad que afecta a casi un tercio de los palacios y a muchos edificios también proviene de las olas que producen las embarcaciones de motor. Durante siglos, los canales eran navegados por botes de remo, pero ahora existe un tránsito casi permanente de lanchas. Para contrarrestar el efecto del agua salada en los ladrillos, han comenzado a rellenar las grietas con un cemento especial, lo que implica drenar parte de los canales. Por otro lado, se ha limitado la velocidad de las embarcaciones.

*El fenómeno conocido como* acqua alta *afecta a la ciudad de Venecia cada vez con mayor frecuencia. En esos casos, la marea sube y el agua salada inunda algunos sectores, en especial la plaza San Marco, uno de los más bajos.*

Instalación de una de las
compuertas del proyecto MOSE.

Proteger a Venecia se ha convertido en un reto que lleva décadas. Desde 1970, cuatro años después de la gran inundación de 1966, la plataforma estación meteorológica Acqua Alta, construida a 16 km de la costa mar adentro, avisa la proximidad de tormentas que empujan el mar hacia la ciudad con tres días de antelación y un código de sirenas alerta sobre el nivel que podría alcanzar el agua. Esto permite a los venecianos colocar bolsas de arena o chapas en las puertas de los negocios para impedir que ingrese el agua.

Claro que con las alertas no basta. En 1984 comenzó la búsqueda de una solución definitiva: el proyecto MOSE (Modulo Sperimentale Elettromeccanico), a cargo del consorcio Venezia Nuova. Se trata de una barrera artificial constituida por 78 compuertas ubicadas en las tres entradas portuarias de la laguna Veneta (Lido, Malamocco y Chioggia), con un costo estimado en 7.000 millones de euros, que debía finalizarse en 2016. En tierra

firme, en un predio de 13 hectáreas, en 2003 comenzó la construcción de unos gigantescos bloques de hormigón donde van ubicadas las compuertas de acero. Cada una de ellas pesa 200 toneladas, mide 5 m de alto y 20 m de ancho. Según se ha proyectado, las compuertas sumergidas tienen compartimentos llenos de agua. Cuando la pleamar alcanza los 110 cm, el agua es expulsada por aire comprimido. La compuerta sube hasta ubicarse a 45 grados e impide que el mar entre en la laguna. Cuando la marea baja, las compuertas se llenan de agua y vuelven a su posición inicial.

En la entrada de Lido hay dos filas de compuertas, la del norte (con 21 compuertas y un total de 420 m) y la del sur (con 20 y de 400 m), separadas por una isla artificial. En Malamocco, utilizada por barcos mercantes y de carga, hay 19 compuertas y una gran esclusa para permitir el tránsito de los buques cuando MOSE esté activo. En Chioggia, utilizada por botes de pescadores, habrá 18 compuertas.

Disposición de las compuertas
en los bloques de hormigón y su
funcionamiento durante una crecida.

En enero de 2019 finalizó la instalación de las 78 compuertas. Pero MOSE todavía se encuentra sin funcionar porque no está listo su sistema de control. Los encargados del proyecto –al igual que los venecianos– esperan contar con el sistema a pleno en 2021.

Aunque hay acuerdo en que MOSE solucionará gran parte del problema del *acqua alta*, grupos ambientalistas creen que también perjudicará el medio ambiente de la laguna. Además, existen dudas sobre su eficacia porque, hacia 2100, el nivel del mar podría aumentar aún más y superar las previsiones de los ingenieros. Otro tema son los retrasos y los costos de la obra. El presupuesto inicial de 1.800 millones de euros prácticamente se triplicó. Y en 2014 el alcalde Giorgio Orsoni y varios funcionarios fueron procesados por sobornos en relación con el proyecto MOSE.

Sin embargo, así como los escándalos y la corrupción suelen afectar la vida política de Italia, también debe reconocerse que los ingenieros italianos mantienen la vanguardia desde los tiempos de la Antigua Roma, famosa por sus construcciones. Desde la ingeniería, existen otras ideas e iniciativas que, junto con MOSE, podrían poner a Venecia totalmente a salvo.

Calificado de ciencia ficción por sus críticos, el proyecto del profesor de Ingeniería de la Universidad de Padua Giuseppe Gambolati –autor junto con Pietro Teatini de *Venice Shall Rise Again*– suena sensato. Presentado en 2005 y con un presupuesto de 100 millones de euros, el proyecto consiste en excavar alrededor de la ciudad una docena de agujeros de unos 700 m de profundidad y 30 cm de diámetro. Por estos agujeros, sugiere Gambolati, deben inyectarse 18.000.000 m³ de agua al año, durante una década. El agua llegará a una capa de arena que ya está saturada de agua y, al recibir más, se hinchará sin que el líquido se escape porque sobre ella hay otra capa de arcilla impermeable. De esta manera, al expandirse la capa de arena, el suelo subiría entre 25 y 30 cm en ese período. Esto compensará el hundimiento ya detallado.

Otra idea presentada por las firmas Soles y Mattioli en 2008 lleva el nombre de proyecto Rialto, como el barrio núcleo de Venecia. Consiste en elevar un metro cada casa de la ciudad mediante un dispositivo hidráulico que sube lentamente un centímetro por hora. Calculan que tardarían diez meses en elevar un metro un edificio de 1.000 m². El costo: 2.500 euros por metro cuadrado. Casi lo mismo que cuesta un piso de 300 m² sobre el Gran Canal.

# ÁMSTERDAM

En los Países Bajos, con casi un tercio de su superficie bajo el nivel del mar, se encuentra la llamada «Venecia del Norte», Ámsterdam. La historia de la ciudad, fundada en 1275 cerca del lago IJ, es una muestra de la batalla de los neerlandeses contra el agua. Y también de cómo la ganaron a fuerza de grandes obras de ingeniería.

El nombre Ámsterdam deriva del dique sobre el río Amstel, construido en el siglo XIII. Sobre este pequeño núcleo urbano comenzó la construcción de los primeros canales, un siglo después, y de terraplenes como defensa de las inundaciones.Y recién en 1613 empezaron las obras más importantes, cuando las autoridades pusieron en marcha un proyecto aprobado en 1607 y concluido casi medio siglo más tarde: los Tres Canales.

Los canales tenían varios propósitos y uno de ellos era el transporte de mercancías durante el llamado Siglo de Oro neerlandés. También respondían a la necesidad de ampliar la ciudad, en una época floreciente para el comercio y la cultura. Entonces, la tierra excavada de los canales fue utilizada para mejorar el terreno de turba de los alrededores del Amstel y construir allí las casas.

La ciudad casi triplicó su superficie y alcanzó las 800 hectáreas. Los canales –declarados Patrimonio de la Humanidad por la Unesco en 2010– son el Herengracht (Canal de los Señores), el Keizersgracht (Canal del Emperador) y el Prinsengracht (Canal del Príncipe). Calles y pequeños canales transversales crearon un tejido urbano conocido como Grachtengordel (Anillo de Canales). Sobre los canales principales se construyeron las casas de los mercaderes, mientras que las tiendas quedaron sobre los secundarios.

Al igual que en Venecia, muchos de los edificios del casco antiguo descansan sobre unos 11 millones de pilotes de madera, ubicados sobre terreno blando. Son 13.600 en el caso del Ayuntamiento y 8.600 en la Estación Central. El Museo Grachtenhuis muestra

25

El Palacio Real o Ayuntamiento de Ámsterdam, frente a la plaza Dam, se levanta sobre 13.600 pilotes de madera.

Casas del pueblo de Ologa, sobre el lago Maracaibo, en Venezuela.

su historia. Hay 1.550 edificios monumentales, construidos en ladrillo, porque la madera dejó de ser utilizada tras los grandes incendios de 1421 y 1452. En total, la ciudad tiene unos 165 canales, que recorren casi 100 km, y 90 islas comunicadas por alrededor de 1.500 puentes. Pero la relación de Ámsterdam con el agua no termina en estos canales, convertidos en una de sus principales atracciones turísticas. En ellos pueden verse unas 2.500 casas flotantes, algunas con un siglo de historia, conocidas como *woonark*. También hay un barrio más reciente, Schoonschip, construido al norte de la ciudad e integrado por casas flotantes con un concepto sustentable.

28

## PALAFITOS

Los palafitos son viviendas levantadas sobre una plataforma de madera que, a su vez, es sostenida por pilotes clavados a orillas del mar o sobre el fondo de una laguna. Es una forma de construcción muy antigua, que perdura en varios lugares del mundo, como América, Asia y África. Incluso, se han encontrado vestigios de estas construcciones en algunos sitios de Europa. En 2002, investigadores descubrieron que a orillas del río Sarno, en el puerto de la antigua Pompeya, hubo palafitos.

Los palafitos ocupan parte de la ciudad de Castro, en la isla de Chiloé (Chile).

En América, el pueblo añú o paraujano construyó palafitos, antes de la conquista, a orillas del lago Maracaibo. Jesús Ángel Semprún Parra y Luis Guillermo Hernández los describen en el *Diccionario General del Zulia* (1999) como «viviendas sostenidas por pilotes de manglar rojo (*Rhizophora mangle*) y estructuras de hojas de palma». Agregan que el piso tenía varas amarradas a los horcones, cubierto por cueros o telas, y que las casas estaban unidas por pasarelas, lo que formaba un pequeño poblado. Viviendas muy similares a estas permanecen a orillas del lago, aunque algunos de sus materiales no sean como los originales.

De características similares es el barrio de palafitos de Gamboa, en Castro, al sur de Chile. Son del siglo XIX y su construcción está relacionada con la necesidad de los pobladores de establecerse en tierras sin dueño, ubicadas junto al mar. La abundancia de madera en la zona permitió construir los pilotes y las casas con este material. La arquitecta Victoria De Lancer explica, en la revista *Vilssa*, cómo los pilotes de madera soportan el peso de una vivienda aunque estén sumergidos mucho tiempo: «Si se

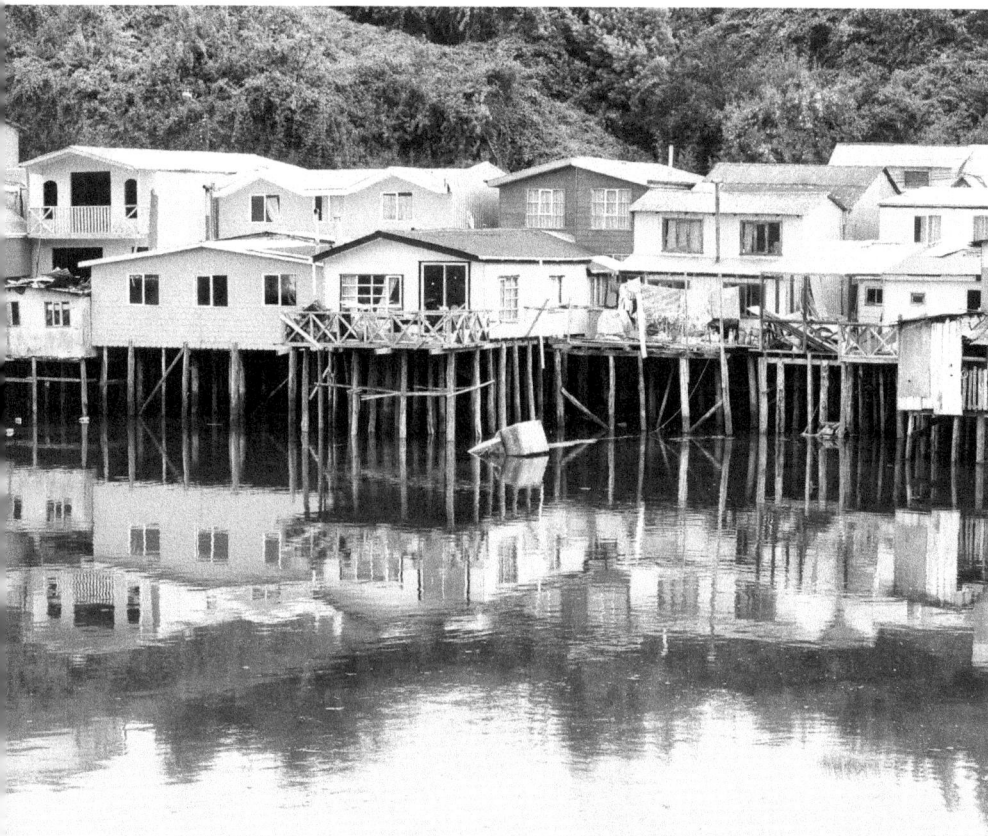

somete la madera a cambios bruscos de temperatura, a estados de mojado y secado, entonces es cuando este producto sufre y queda inservible al perder sus propiedades físicas y mecánicas. Sin embargo, los pilotes de madera utilizados como estructura que soporta este tipo de viviendas, al estar sumergidos en el agua de forma constante, sin variaciones, se conservan perfectamente, y mantienen todas sus cualidades».

Hay más ejemplos de este tipo de construcciones alrededor del mundo, como en los pueblos de pescadores de Benín (África) o, en versiones más modernas, en el Delta del Tigre (Argentina), donde pueden verse cientos de casas sobre columnas de madera u hormigón que las protegen de las crecidas del río Paraná. De hecho, son muchos los arquitectos que apuestan a casas separadas del suelo por pilotes de hormigón para hacer frente a terrenos inundables, mejorar la vista al mar o ubicar en ese espacio el garaje. También existen hoteles de lujo en las Maldivas y el Caribe integrados por viviendas sobre pilotes que permiten disfrutar de una estancia, literalmente, sobre el mar.

Bungalows de un hotel en las islas Maldivas.

Las compuertas de Maeslantkering se cierran automáticamente cuando la marea pone en peligro tierras y ciudades del sur de los Países Bajos.

## EL PLAN DELTA

Los neerlandeses calculan que, de no ser por las obras realizadas para evitarlo, casi la mitad del país estaría bajo el mar. Ejemplo de ello: en 1287 el Mar del Norte abrió un gigantesco brazo hacia el interior, el Zuiderzee. La construcción de diques y de pólderes para obtener nuevas tierras, así como la instalación de molinos de viento y de bombas diésel y eléctricas para drenar la tierra y enviar el agua hacia ríos o el mar fueron soluciones a las que recurrieron durante siglos. El primer gran plan para contener al bravo mar fue idea del ingeniero Cornelis Lely (1854-1929), quien diseñó dos grandes muros de arcilla (30 km), protegidos de la erosión por una red de ramas de sauce, fijados en piedra y con un relleno de arena, para dividir el Zuiderzee en dos y crear un gran lago, el IJsselmeer. Terminado en 1932, fue el dique más largo del mundo, con una cota ubicada 3 m sobre el nivel del mar. La zona delimitada por este y otros diques fue drenada y ganada al mar. En 1986, una parte constituyó la provincia de Flevoland, cuya capital, Lelystad, recuerda al ingeniero. Mientras esta barrera resultaba eficaz por el norte, en el sur iba a ocurrir una catástrofe. El 1.º de febrero de 1953, el Mar del Norte destruyó diques debilitados durante la Seguna Guerra y arrasó pueblos enteros. Hubo unos 1.835 muertos y 150.000 quedaron bajo el agua. La respuesta fue un nuevo proyecto de diques conocido como Plan Delta (Deltawerken). Consistió en construir represas en la desembocadura de varios ríos (Westerschelde, Oosterschelde, Haringvliet y Brouwershaven Gat), de manera paulatina. Considerada como una de las maravillas de la ingeniería civil, su máximo exponente es el Oosterscheldekering, terminado

en 1986, una estructura abierta, de 8 km, con compuertas ubicadas entre 65 pilares. A diferencia de otros diques, estas compuertas permiten el paso del agua y solo se cierran cuando el mar supera en 3 metros su nivel medio. El talento de los ingenieros holandeses iba a ser puesto a prueba nuevamente para defender a Rotterdam, el mayor puerto de Europa, donde un buque de carga entra o sale cada seis minutos y navega por el Nieuwe Waterweg hacia el Mar del Norte. Una obra como Oosterscheldekering no servía porque la altura de los puentes no permite el paso de los barcos. Las esclusas, en tanto, son una vía demasiado lenta para semejante tráfico. Entonces, en 1991, se diseñó un sistema compuesto por dos grandes barreras móviles accionadas por brazos hechos de tubos de acero y controlados por computadora, denominado Maeslantkering. De alguna manera, el robot antiinundaciones más grande del mundo, completado en 1997. Las barreras son huecas y flotan hasta que se llenan de agua y bajan hasta el fondo para impedir el paso del mar. Hasta 2019, solo tuvieron que ser accionadas para hacer frente al huracán Tito (2007).

La mayor frecuencia con que deben cerrarse las compuertas de Oosterscheldekering y las tormentas cada vez más «tropicales» que padece Europa debido al cambio climático hacen que los ingenieros de los Países Bajos piensen en soluciones complementarias, como el elevamiento de las dunas o el ensanchamiento de ríos y canales, para derivar el mayor caudal de agua a zonas que podrían inundarse ex profeso, para proteger las áreas urbanas.

# VIVIR SOBRE EL AGUA

## La opción elegida
## por muchos habitantes

Las casas-barco de Ámsterdam evolucionaron
y dieron origen a viviendas flotantes de última
generación. Los arquitectos neerlandeses
sorprenden con diseños que, en versiones
más lujosas, atracaron en Miami. En Sausalito,
en cambio, un barrio flotante resiste con sus
aires bohemios.

Escena cotidiana
en una casa-barco,
en Ámsterdam.

Tener una casa con vistas acuáticas (al mar, al río, a un lago) es un atractivo para quienes compran y venden propiedades. Para los primeros, por razones bastante obvias: siempre es más atractivo ver el mar que abrir la ventana y encontrarse con la pared de un edificio o una calle atestada de coches. Para los agentes inmobiliarios, porque las propiedades de estas características tienen valores más altos y eso significa mayores comisiones. Sin embargo, también presentan desventajas.

38

Un artículo publicado en *The New York Times*, en la sección *International Homes* (22-23 de junio de 2019), explica que las casas ubicadas frente al agua son más vulnerables a amenazas naturales como huracanes e inundaciones, que son cada vez más intensos debido al cambio climático. El nivel del mar creció unos 7,5 cm entre 1993 y 2017, y algunos especialistas estiman que, hacia 2100, el aumento será de 65 cm. Por otra parte, como ha ocurrido en los últimos años en Europa, las tormentas de características tropicales pueden desatarse en lugares donde antes prácticamente no ocurrían y causar inundaciones graves.

Según explica el mismo artículo, las casas más viejas frente al agua fueron construidas en terrenos más bajos, pero la tendencia de los últimos cinco años es que estén más elevadas, para hacerlas más

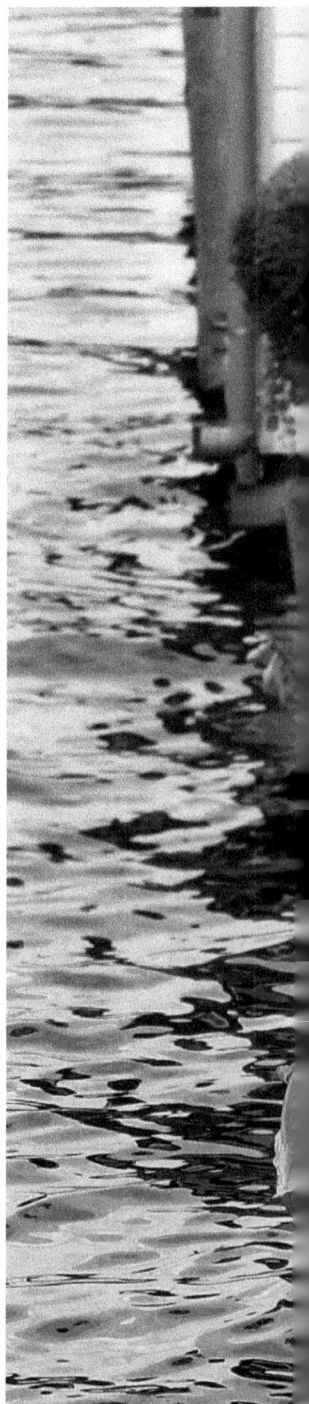

Casas-barco en los canales de Ámsterdam.

resistentes a estas amenazas. Sí, como si fueran palafitos modernos, solo que, como el agua salada es corrosiva y esto hace que el exterior y los decks resulten afectados, los costos de mantenimiento aumentan. Ante esta situación, las casas-barco y las casas flotantes aparecen como alternativas cada vez más tenidas en cuenta por quienes desean vivir con el agua como vecino de honor.

## LAS CASAS-BARCO

Los canales de Ámsterdam son Patrimonio de la Humanidad y, por supuesto, uno de los principales atractivos de la ciudad. También son el hogar de miles de personas que eligieron vivir en casas-barco (*woonark*), construidas sobre un pontón flotante y que, en general, carecen de motor. Entre las 2.500 que

permanecen en los canales, las hay de todas clases: sencillas, con terrazas y jardines, de varios pisos, amuebladas de manera suntuosa y de diseño futurista.

Muchas de estas casas-barco tienen más de un siglo pero cuentan con instalaciones modernas, como electricidad, calefacción y agua corriente. Las más valiosas se encuentran en los canales del barrio Jordaan. Y sobre el canal Prinsengracht puede visitarse el Museo Casa Flotante (Woonbootmuseum), un barco de 1914 que fue hogar de una familia durante dos décadas.

Las casas-barco fueron una solución a la demanda creciente de vivienda después de la Segunda Guerra, en Ámsterdam y en otras ciudades de los Países Bajos. Siguen siendo muy buscadas porque, en 2019, el acceso al amarre permanente, indispensable para contar con una dirección concreta, depende de permisos de otorgamiento limitado llamados *ligplaats*.

Ciudades flotantes

Casas flotantes de IJburg, Países Bajos.

Entre las casas-barco más caras se destaca De Friese Franje, ubicada sobre el río Amstel, totalmente renovada y puesta a la venta por Sotheby's por 1.395.000 euros en 2019. Tiene una superficie de 140 m², 29 m de largo y 5 m de ancho, 3 dormitorios y 2 baños, además de una cocina de última generación y terraza. Sus pisos son de roble, las paredes están revestidas en cuero y cuenta con todos los servicios, incluido aire acondicionado.

También sobre el Amstel, contrasta con este departamento de lujo flotante una casa blanca, de amplios ventanales que, en realidad, es una estructura semisumergida, que tiene al hormigón y el aluminio como materiales principales. La idea que inspiró este diseño, nacido en 2010 en el estudio +31Achitects, de Jorrit Houwert, es que mucha gente quiere casas modernas, similares a las que se construyen en tierra y no que parezcan barcos.

El estudio de Houwert lo logró con Watervilla de Omval, una «caja de hormigón», basada en un concepto diferente al del barco amarrado de manera fija en un muelle o al del pontón. En la Watervilla de Omval, el aire que ingresa a la estructura de hormigón hace que esta flote. Una conexión flexible la comunica a un muelle, lo que permite elevarla si sube el río, o trasladarla. En la parte superior, con grandes ventanales que dan al Amstel, se encuentran el living y la cocina, mientras que en la parte sumergida están las habitaciones y las áreas de servicio.

45

## IJBURG: CASAS FLOTANTES

La lucha de los neerlandeses contra el agua tomó nuevos rumbos en los últimos años. Porque, sin descuidar las defensas contra el mar y los ríos, construyeron comunidades flotantes. Y una de ellas, ubicada en IJburg, es la más grande de Europa. Cerca de Ámsterdam (unos 15 minutos en auto), IJburg es un conjunto de 8 islas artificiales, creadas gracias al sistema de compuertas móviles Oosterscheldekering, que recibió a sus primeros habitantes en 2002.

De las 18.000 viviendas de IJburg, 150 son flotantes y fueron diseñadas por Marlies Rohmer. Esta arquitecta neerlandesa solo tenía experiencia en el diseño y la construcción de casas convencionales, es decir, con sus cimientos sobre tierra firme. Pero el

principio de Arquímedes, una de las bases de la física, se convirtió en la llave conceptual para concretar estas viviendas.

Las casas flotantes del barrio Waterbuurt West, en IJburg, se construyen en un astillero y luego son trasladadas en barcazas hasta su lugar definitivo. El secreto está en su base, o cimientos sumergidos: tanques de concreto (u hormigón) de alta resistencia que mantienen la vivienda a flote. Estos tanques huecos miden 5 m por 10 m y están sumergidos a una profundidad que equivale a medio piso (1,5 m). La fuerza ascendente del agua mantiene la estructura a flote, como si fuera un barco.

Con una superficie de 156 m², construida en madera, vidrio y materiales sintéticos, cada unidad tiene tres pisos y está unida a postes de amarre, de acero, que permiten que suban o bajen según el nivel del agua. El precio de cada una de estas casas

*Las casas flotantes del barrio Waterbuurt West, en IJburg, se construyen en un astillero y luego son trasladadas en barcazas hasta su lugar definitivo.*

flotantes alcanza los 500.000 euros. Puede parecer mucho, pero hay que tener en cuenta que una vivienda similar en el centro de Ámsterdam cuesta el doble.

En otra ciudad neerlandesa, Delft, puede verse una casa flotante de diseño muy moderno, obra del arquitecto Koen Olthuis (1971), elegido en 2007 por la revista *Time* como una de las personas más influyentes del mundo y llamado «acuarquitecto» por un diario madrileño. Su firma Waterstudio tiene atrevidos proyectos, como una terminal de buques que flota en el mar y el local McFloat, en el que los pedidos solo se podrán retirar desde una lancha.

En 2019, reveló su idea de construir un edificio flotante de oficinas, que estará en Róterdam y tendrá 40 m de altura. Además de ser flotante, su estructura estará realizada en madera laminada cruzada (*cross laminated timber*, CLT), un material considerado el «hormigón del futuro». La CLT está compuesta por varias capas de madera dispuestas en forma perpendicular, lo que aumenta su resistencia hasta resultar similar a la del hormigón armado. Ya existe un edificio de 18 pisos con esta estructura: el Brock Commons, una residencia universitaria en Vancouver, Canadá.

## SAUSALITO

Mientras en los Países Bajos las inundaciones convirtieron a muchos arquitectos e ingenieros en expertos en casas flotantes, en Estados Unidos la mayor comunidad flotante tiene una historia diferente. Sausalito está frente a San Francisco, del otro lado del puente Golden Gate, y allí hay medio millar de casas flotantes. A diferencia de las casas-barco, estas no tienen motor pero se pueden remolcar.

Las primeras casas flotantes de Sausalito se construyeron sobre barcazas o juncos chinos, con materiales extraídos de autos, vagones o *motorhome*, y estaban unidas a los muelles por destartaladas pasarelas. Muchos de sus habitantes eran refugiados del terremoto de 1906 que eligieron tierras del dueño de un astillero, amante de los barcos antiguos y de ferries decomisados. Tolerante, les cobró alquileres baratos a los nuevos vecinos de la zona y permitió este primer desarrollo.

Durante la Segunda Guerra, los terrenos de Richardson Bay sirvieron de astilleros para buques de guerra, pero a partir de la década de 1950, artistas, escritores, músicos, *beatniks* y *hippies* eligieron a Sausalito como su lugar en el mundo. Así, el artista griego Jean Varda (1893-1971), amigo de Picasso y Matisse, vivió en un ferry destinado a chatarra, el *Vallejo*, junto con el pintor surrealista Gordon Onslow Ford (1912-2003) durante dos décadas. Lo remodelaron y allí recibieron a escritores como Henry Miller y Maya Angelou, y a Sally Stanford, madama de un burdel de San Francisco y luego alcalde de Sausalito. En 1960, Onslow Ford vendió su parte a Alan Watts (1915-1973), filósofo británico que introdujo el budismo zen en Estados Unidos y cuyos libros conserva la biblioteca de la ciudad. El *Vallejo* permanece en su ubicación original, aunque rebautizado como *Varda Landing*.

La comunidad flotante de Sausalito, a 30 minutos en ferry desde San Francisco y a 10 del centro de la ciudad, comprende 9 diques donde hay casas de distintos tamaños. Según *The New York Times*, algunas solo tienen unos 37 m$^2$ y son relativamente accesibles (unos 300.000 euros), pero otras cuestan más de 1 millón, como el *Dragon Boat*.

El diario describe una de estas casas, unida por enormes soportes a pilotes clavados en la bahía. La estructura permanece siempre atracada en su lugar, pero puede ser remolcada en caso de que necesite reparaciones mayores. Tiene 92 m$^2$, repartidos en tres dormitorios y dos baños. Los propietarios pagan el arrendamiento del embarcadero, que incluye el servicio de agua potable, retiro de basura y aguas residuales, y el mantenimiento del muelle.

En 2010, el sitio Archdaily informó de un nuevo proyecto pensado para Sausalito: Tafoni Floating Home, de la arquitecta Joanna Borek-Clement. Es una casa flotante que, ya desde su diseño, propone algo totalmente distinto. Borek-Clement explica que el

principal objetivo de este proyecto conceptual consiste en cam-
biar la actitud de vivir en una casa-barco. Afirma que este tipo de
vivienda, en general, tiene cielorrasos bajos y se sienten estrechas.
La Tafoni, en cambio, ofrece una pequeña superficie (89 m²) pero
resulta espaciosa porque el cielorraso es alto (a 4 m del suelo) y
casi no hay divisiones interiores.

Inspirada en esculturas naturales en piedra conocidas como
*sandstones* (arenisca), la Tafoni sorprende con sus líneas redondea-
das y sus huecos decorativos. La estructura ha sido proyectada con
armazones de madera de forma elipsoidal, que al ser modulares
se pueden producir en masa para conservar recursos y energía. La

forma de estos elementos de la estructura le da una gran capacidad de expansión, porque elimina la necesidad de construir paredes y columnas adicionales que quitarían espacio interior.

El pontón que sostiene a la Tafoni puede ser de concreto o de fiberglás. Para Sausalito, Borek-Clement propone uno de concreto prefabricado, por su enorme fortaleza, durabilidad y capacidad de transporte, además de escaso mantenimiento. Una de las características de la bahía es el constante cambio del nivel del agua, producto de las mareas. Por eso se necesita una estructura resistente. Como las casas-barco, puede moverse de un dique a otro, e incluso puede ser desarmada para ser trasladada.

La casa Arkup, en Fort Lauderdale, Estados Unidos.

## ARKUP

En la otra punta de Estados Unidos, en
Florida, existe otro proyecto que destaca
las innovaciones en materia de casas-
barco. Idea de los arquitectos franceses
Nicolas Derouin y Arnaud Luguet, quienes
trabajaron con Olthuis en este proyecto,
Arkup es un verdadero piso de lujo que,
gracias a su motor, puede trasladarse de un
lugar a otro. Tiene dos niveles, con un total
de 405 m² y amplias superficies vidriadas.

La tecnología que hace posible a Arkup,
según explican los arquitectos en un artículo titulado «Una casita que navega por
el mar» (Fuera de Serie, 28 de junio de
2019), proviene de las plataformas petro-
leras. La casa reposa sobre una barcaza
plana de acero sostenida por cuatro columnas hidráulicas, ancladas al fondo marino
y capaces de soportar las 300 toneladas
de la estructura. Las columnas hidráulicas pueden utilizarse en zonas de hasta
7,62 m de profundidad y ofrecen seguri-
dad en caso de mareas bravas. Los motores funcionan con energía solar y ofrecen
una autonomía de 4 horas.

Como dijimos, es una alternativa de lujo.
Lleva un año construir una Arkup (hasta
2019 había una sola, la de Florida) y su
costo alcanza los 4,8 millones de euros. Se
la puede alquilar por 5.800 euros la noche.

54

La cancha de Ko Panyi, en Tailandia.

# ¡PELOTA AL AGUA!

Lejos del lujo de la Arkup, de la bohemia de Sausalito y de la moderna IJburg, en Tailandia un pueblo costero también está suspendido sobre el agua. Su nombre es Ko Panyi y se encuentra al sur del país, en la provincia de Phang Nga. Allí viven, en condiciones humildes, unas 1.600 personas que habitan casas-barco porque el islote principal es demasiado pronunciado y no puede soportar una construcción tradicional. Sus primeros habitantes fueron musulmanes arribados desde Malasia hace unos dos siglos. Se llega desde la turística Phuket y cerca del pueblo está la isla Phang Nga, escenario del film de James Bond *El hombre de la pistola de oro* (1974). Sin embargo, en los últimos años, muchos turistas llegaron a Ko Panyi atraídos por la única cancha de fútbol flotante conocida, sede del Panyee FC, uno de los mejores de Tailandia. La primera cancha se construyó, con tablones de madera, en 1986 y fue reemplazada por otra de caucho y medidas reglamentarias (16 por 25 m), en 2010, cuando el banco TMB utilizó el lugar como escenario de un aviso publicitario por su belleza natural. El Panyee FC se ha convertido en uno de los principales de la liga juvenil tailandesa. Existe un proyecto para construir una cancha de cemento, con tribunas. Pero, por ahora, cuando el balón se va afuera, hay que buscarlo nadando.

# PALM JUMEIRAH

## Una obra maestra
## de la ingeniería moderna

Palm Jumeirah, en Dubái, es una joya de la ingeniería
moderna. Construida sobre el golfo Pérsico, con millones
de toneladas de roca y arena, nació de una ingeniosa idea
para aumentar las playas del emirato. Y solo es la primera
parte de un plan urbanístico de escalas nunca vistas.

El hotel Burj Al Arab, terminado en 1999, se encuentra sobre una isla, muy cerca de la playa.

Si hay un lugar en el mundo donde la ingeniería y la arquitectura desafían todos los límites, ese lugar es Dubái. Una ciudad que rivaliza con Manhattan por sus rascacielos y que surge en pleno desierto, en un sitio donde, hace solo medio siglo, había un puerto con menos de 100.000 habitantes. Hoy es una ciudad supermoderna, de 2 millones. Y si bien en los orígenes de los Emiratos Árabes Unidos tuvo relevancia la riqueza petrolera, esto ya no es tan así. En el caso de Dubái, hacia 2019, solo el 20% de sus ingresos provenía de la exportación de crudo. ¿De dónde proviene el resto?

En las últimas tres décadas Dubái debió reinventarse tras advertir que no podría vivir por siempre del petróleo. La familia reinante Al Maktum decidió invertir miles de millones de dólares para transformar el país en lo que es en la actualidad: un centro turístico, financiero y *hub* de Emirates, una de las aerolíneas más prestigiosas del mundo.

Las obras de arquitectura e infraestructura son impresionantes y se distribuyen por casi todo el emirato. Sin embargo, existen hitos que marcan esta historia reciente, de vertiginoso progreso edilicio. En 1999 abrió sus puertas el Burj Al Arab, un hotel «siete estrellas» construido sobre la costa del golfo y de una arquitectura apabullante. En 2010 lo siguió la torre

Con 830 metros de altura, el Burj Khalifa es el edificio más alto del mundo,

Burj Khalifa, de 830 m de altura, la más alta jamás construida. El aeropuerto también es una muestra de los niveles a los que ha llegado Dubái. La Terminal 3, donde opera Emirates, es la más grande del mundo y fue concluida en 2008, con una inversión de 4.500 millones de dólares.

Además, Dubái cuenta con una impresionante red de autopistas y hasta un metro de última generación. Y como si todo esto no fuera suficiente, sobre el golfo se extiende la ciudad flotante más grande del mundo, Palm Jumeirah. Tiene una superficie de 5,6 km², forma de palmera y reúne 4.000 villas de lujo, 40 hoteles y centros comerciales, con una población proyectada en 120.000 habitantes.

La gran diferencia con otras estructuras flotantes es que aquí la base no es de concreto ni de acero, ni siquiera de madera. Solo arena y piedra. Su construcción, realizada en tiempo récord, representó uno de los mayores retos para la ingeniería moderna.

## A TODA COSTA

La familia Al Maktum gobierna Dubái desde 1833. Este emirato formó parte de los Estados de la Tregua (un protectorado británico) en el siglo XIX y en 1971 se incorporó a los Emiratos Árabes Unidos, que también integran Abu Dabi, Ajmán, Fuyaira, Sarja, Umm al-Qaywayn y Ras al-Jaima. Tradicionalmente un lugar de pesca y comercio (en especial, de oro), Dubái comenzó a explotar su primer yacimiento de petróleo, denominado Fateh, en 1966. Como dijimos, esto inició una era de gran prosperidad, similar a la que vivió su vecina Arabia Saudita y otros Estados árabes. Sin embargo, tras calcular que las reservas iban a agotarse hacia 2016, los jeques decidieron apostar por otras fuentes de ingresos, como el turismo.

Las playas de Jumeirah son de las más bellas del golfo, y la construcción de hoteles y una creciente vinculación aérea atrajeron cada vez más turistas. Pero estas playas naturales tienen solo 76 km de extensión. Por eso, el jeque Maktum bin Rashid Al Maktum (1943-2006) comenzó a pensar en una isla artificial cuyas costas debían aumentar la cantidad de playa disponible. El primer proyecto tenía forma circular pero solo agregaba 7 km. Pronto surgió la idea de construir una gigantesca palmera, cuyas 16 hojas agregarían casi 56 km de playa, además de una superficie considerable para construir mansiones y hoteles de lujo.

El príncipe recurrió a los ingenieros con mayor experiencia en rescatar del mar superficies luego aptas para la agricultura o ciudades. Buscó profesionales de los Países Bajos, que habían trabajado en el Plan Delta y otros que habían intervenido en el aeropuerto Chek Lap Kok, de Hong Kong, construido sobre una isla artificial e inaugurado en 1998. A ellos les planteó su idea de utilizar solo piedra y arena. La construcción de Palm Jumeirah, el primero de varios proyectos de islas artificiales sobre el golfo (The World, Dubái Waterfront, Palm Jabel Ali, The Universe, Port Rashid y Deira Islands), comenzó en agosto de 2001, con un plazo también inusual: debía estar concluido en 2006, no se sabe bien si por un capricho real o porque Dubái necesitaba recuperar con cierta rapidez una inversión estimada en 6.500 millones de dólares. Para colmo, los atentados del 11 de septiembre de 2001, que destruyeron las Torres Gemelas en Nueva York, afectaron los viajes y el turismo en el golfo.

## DOS ESTRUCTURAS BÁSICAS

Como puede verse desde el aire (incluso desde el espacio), la estructura de Palm Jumeirah es bastante simple. Un archipiélago formado por un tronco (1,5 km) unido a la costa por un puente y 16 palmas que surgen de él. Todo protegido por un rompeolas ubicado mar adentro, con dos aberturas, superadas por puentes, que permiten el paso de embarcaciones y evitan el estancamiento de las aguas «interiores». La lógica indicaba que primero había que construir el rompeolas y luego, con el área protegida del mar, realizar las islas. Pero, debido a los plazos establecidos, las obras –a cargo de Hill International– se hicieron casi en simultáneo.

El golfo Pérsico es una zona relativamente tranquila, al menos desde el punto de vista ambiental. Con una profundidad de 30 m y

65

Plano de Dubái donde pueden verse Palm Jumeirah, abajo, The World, en el centro, y Deira Islands, arriba.

Vista de Dubái desde la Estación Espacial
Internacional, con Palm Jumeirah a la derecha.

un ancho de 160 km, resulta poco profundo y angosto, sin mucho
lugar para olas gigantescas. Sin embargo, durante la época de las
tormentas conocidas como *shamal* (noviembre-abril), los vientos
pueden alcanzar los 56 km/h, soplar durante varios días y formar
olas de hasta 2 m de alto. Y aunque calculan que una tormenta
catastrófica solo ocurre una vez cada cien años, una defensa artificial para las islas resultaba imprescindible.

El rompeolas, que debía sobresalir 3 m sobre el mar, es una
enorme muralla de 11,5 km de largo y 200 m de ancho hecha de
piedra. Son unos 5,5 millones de m³ de piedras dispuestas proli-
jamente para evitar filtraciones. Debajo de ellas hay una capa de

arena y escombros, de forma triangular y de 7,6 m de espesor, constituye la base del rompeolas, que forma una pendiente para distribuir la fuerza de las olas. Sobre ella van las rocas más pesadas, de unas 6 toneladas cada una.

Las rocas fueron llevadas desde 16 canteras del Reino Unido en 9 barcazas que tardaron casi un día en realizar el trayecto hasta Dubái. Diariamente, en el lugar de la obra, dejaban 40.000 toneladas de roca. Pese a los recaudos, un equipo de buzos controló que no hubiera filtraciones en el rompeolas. La obra estuvo a cargo de Archirodon Overseas, que además de las barcazas necesitó 15 remolcadores, 7 dragas y 10 grúas flotantes.

Primer plano del rompeolas durante
la construcción de Palm Jumeirah.

*Dubái cuenta con satélite propio. Esto permitió
que el emplazamiento de la arena fuera guiado.
De esta manera, se establecieron la posición y la
altura de la arena depositada.*

Hacia abril de 2002 se habían completado unos 550 m del
rompeolas. Entonces, comenzaron los trabajos para concretar las
islas artificiales: el tronco y las hojas de la palmera. En medio
del desierto, parecía fácil obtener este material de construcción
natural, estimado en 94.000.000 m$^3$. Pero no fue así. La arena de
Dubái es demasiado fina y «escamosa» para servir como cimiento
de una ciudad con una población estimada en 120.000 habitantes.
Los ingenieros se dieron cuenta de que la arena del golfo era más
gruesa, densa y resistente. Los trabajos para extraerla se realizaron 60 millas mar adentro, con dragas de las empresas Jan De Nul
(Bélgica) y Van Oord (Países Bajos). Luego, las dragas rociaron la
arena mediante un proceso conocido como *rainbowing dredging tech-
nique*, porque forma un arco en el cielo semejante a un arcoíris, a
una velocidad de 10 m por segundo. Delimitar el área exacta que
debía ocupar la arena no parecía constituir un problema en tierra
firme. Sin embargo, en el mar, donde los límites no tienen un sus-
tento real, hubo que recurrir a tecnología moderna.

Por suerte Dubái cuenta con un satélite propio, que orbita a
676 km de la Tierra. Esto permitió que el emplazamiento de la
arena fuera guiado por *differential global positioning systems* (DGPS).
Sobre la capa de arena artificial, varios operarios caminaron
durante días, llevando aparatos de última generación, para recibir
señales del satélite. De esta manera, se establecieron la posición
y la altura de la arena depositada. Su compactación es un proceso
natural pero que puede llevar varios años, demasiados para los
plazos estipulados por el emir. De modo que una alternativa era

70

utilizar maquinaria, como se hace en tierra firme, pero allí tampoco era viable. Los ingenieros optaron por la tecnología conocida como vibrocompactación para hacer que la arena fuera más densa.

En 2004 comenzó la perforación de 200.000 pozos, tarea que llevó 8 meses y se realizó con 15 maquinarias. La empresa Keller, que introdujo la vibrocompactación en la década de 1930, explica que «la perforación se produce gracias al peso propio de todo el varillaje (tubos de extensión y vibrador) y al uso de jets de chorros de agua integrados a la parte inferior del vibrador». Agrega que, una vez alcanzada la profundidad deseada, comienza la etapa de densificación «mediante subidas y bajadas del vibrador, con desplazamientos verticales de aproximadamente 0,5 m a 1 m». El

Una draga descarga arena para formar
una de las 16 «hojas» de Palm Jumeirah.

74

efecto combinado de los chorros de agua y la vibración permite
obtener una reorganización de las partículas (en este caso, arena)
para darle al suelo una configuración más densa. Según Keller, «la
densidad relativa de suelos granulares aumenta del 70% al 85%».

La compactación no solo es crucial por el peso que debe
soportar el archipiélago, sino porque Dubái se encuentra al
borde de una zona de terremotos, como el ocurrido en Bam
(Irán) en 2003. El riesgo es que las islas sufran licuefacción,
como sucedió en Japón en 1995, durante el terremoto que azotó
a Kobe. Ambos superaron los 6 grados en la escala de Richter.

Si un sismo de esa magnitud mueve las partículas de arena, una isla puede desaparecer bajo el mar.

Con la obra bastante avanzada (unos dos tercios del rompeolas construidos), los ingenieros alertaron sobre las dificultades que podía causar el estancamiento del agua contenida entre las hojas de la palmera y el rompeolas. Problemas ambientales y, claro, un agua salada cuya calidad iba a decepcionar a los amantes de la playa. Para ello, construyeron dos aperturas, de 99 m cada una, cruzadas por puentes, que aseguran la circulación del agua, que se renueva en su totalidad en unos 15 días.

Vista de Palm Jumeirah, con sus principales edificios concluidos. Sobre el rompeolas, a la derecha, sobresale el hotel Atlantis.

Trabajos en el puerto de Dubái,
con las villas, hoteles y yates
de Palm Jumeirah, al fondo.

## EDIFICIOS DE LUJO

En octubre de 2003 concluyeron los trabajos de ganarle territorio al mar y la palmera estaba lista para la construcción de la infraestructura, que se inició a principios de 2004, y de los edificios. Esta etapa incluyó el trabajo de unos 40.000 obreros, en turnos de 12 horas y bajo condiciones climáticas que en verano pueden alcanzar los 48 °C de temperatura y más de 90% de humedad. Hacia fines de 2006, la desarrolladora de bienes raíces Nakheel puso a la venta las primeras 1.800 villas de lujo. Se vendieron en tres días, a pesar de que la mayoría costaba más de 1,2 millones de dólares. Esta empresa es parte del conglomerado Dubái World, con capitales privados y de la familia Al Maktum, a cargo del sultán Ahmed bin Sulayem.

78

*Hacia fines de 2006, la desarrolladora de bienes raíces Nakheel puso a la venta las primeras 1.800 villas de lujo. Se vendieron en tres días, a pesar de que la mayoría costaba más de 1,2 millones de dólares.*

El hotel Atlantis es un *resort* de lujo, construido en la parte más alejada de la playa de Jumeirah.

Además de las villas con vista al mar, Palm Jumeirah tiene 2.400 apartamentos y 40 hoteles. Uno es el Atlantis, construido sobre el rompeolas, en la parte más alejada de la costa. Presentado en su página web como el «hotel más instagrameable del mundo», abarca dos resorts de lujo, con todas las comodidades, además del parque acuático Aquaventure y el acuario

## COMPLICACIONES A LA VISTA

El proyecto de construir islas artificiales en el golfo Pérsico, como otros en Dubái, es muy ambicioso. Palm Jumeirah, como dijimos, es solo una parte de esta serie de archipiélagos. Deria Islands al principio iba a llamarse Palm Deria y resultar semejante a Palm Jumeirah. Su construcción comenzó en 2004, sin un plazo definido. Es más, el proyecto original tuvo varias modificaciones en 2007 y 2008, debido a algunos problemas técnicos y también a otros causados por la crisis financiera mundial. La información que brinda Nakheel indica que Deria Islands está compuesto por cuatro islas artificiales que ocupan 15,3 km$^2$ y que agregan 40 km de costa (incluidos 21 km de playa) a uno de los distritos más antiguos de la ciudad. Conectadas a tierra firme por puentes, las islas tendrán —según lo previsto— 50 torres con unos 22.000 apartamentos para unas 250.000 personas. También incluye el Deria Mall, con un millar de locales, y el Night Market (5.300 locales y un centenar de restaurantes y cafés), inspirado en los tradicionales zocos árabes. Dos cadenas hoteleras, RIU y Certana, proyectan hoteles con un total de 1.500 habitaciones. Además, Deria Islands Marina tendrá capacidad para 600 yates de hasta 60 m de eslora. Otra idea del emir Al Maktum comenzó a cobrar vida en 2003: el archipiélago artificial The World. Según el proyecto original, un rompeolas de 27 km de largo protege unas 300 islas dispuestas de tal manera que, vistas desde el aire, forman un mapamundi. El área es superior a la de Palm Jumeirah: 9,34 km$^2$ de islas y 55 km$^2$ de aguas interiores. Para construir The World, al que solo se puede llegar en barco o helicóptero (la playa de Jumeirah se encuentra a 7 km), se utilizaron 320.000.000 m$^3$ de arena y 37.000.000 m$^3$ de roca. Según Nakheel, el concepto es diferente de Palm Jumeirah: en The World los propietarios de cada isla (de entre 1 y 4 ha, con un costo de 20 a 50 millones de dólares) prácticamente pueden diseñar viviendas y demás instalaciones. El éxito de The World —terminado en 2008— fue inmediato: se vendió el 60%. Pero en 2010 una imagen tomada desde la Estación Espacial Internacional (ISS, International Space Station) y difundida por la NASA golpeó al proyecto más que cualquier tormenta. En esa imagen algunas islas parecían desfiguradas o menos firmes, lo que sugería que se estaban hundiendo. Nakheel lo negó, pero lo cierto es que el proyecto quedó paralizado. En 2019, solo la isla Líbano estaba habitada: allí funciona el Royal Island Beach Club.

Otro proyecto con retrasos y modificaciones es Palm Jebel Ali, iniciado en 2002 y con un plazo de terminación de 6 años. Para 2006 terminaron el rompeolas, pero la crisis financiera mundial detuvo las obras. Cerca de allí estaría Dubái Waterfront, con 130 km$^2$ de superficie (entre islas y agua) y más de 70 km de playas. Y al sur de The World, The Universe, otro archipiélago artificial.

Lost Chambers. Hasta el lugar más alejado del rompeolas, a través del tronco de la palmera, llega el monorriel, inaugurado en 2009. Está conectado al metro de Dubái, compuesto de dos líneas totalmente automatizadas, con trenes que van por debajo y sobre la superficie.

## UN ARRECIFE ARTIFICIAL

Una de las amenazas para semejante obra es la erosión, producida por el mar. Las corrientes empujan la arena a lo largo de la costa de manera uniforme y siguen la línea recta de la playa. Pero Palm Jumeirah modificó el movimiento natural de las olas y esto, según algunos expertos, podría hacer que la arena se acumule en las playas naturales para extenderla, pero también podría quitarle al proyecto entre 5 y 10 m de arena al año.

La preocupación por el daño ambiental produjo críticas y temor por la disminución de la vida marina en las «aguas interiores» de Palm Jumeirah. Sin embargo, según Nakheel, la verificación realizada por buzos permitió comprobar que el rompeolas tuvo un efecto contrario y que atrajo más peces. Además, la empresa de bienes raíces anunció planes para construir un arrecife de coral artificial en el área.

En «The Marine Environmental Impacts of Artificial Island Construction» (2006), B. Salahuddin explica que Nakheel probó primero con una estructura conocida como Runde Reef, aprobada por el Protocolo de Kyoto. Se trata de una columna de concreto de 2,5 m con tubos de polietileno dispuestos de manera radial. Pero el sistema no funcionó. Luego se recurrió a una técnica conocida para crear arrecifes: hundir viejos barcos o aviones, limpios de elementos químicos, que en general atraen unos 15 tipos de corales. Tampoco prosperó. Finalmente se decidieron por Biorock, una malla con un marco que contiene carbonato de calcio, que es conectado a la corriente eléctrica para lixiviar el agua de mar. De esta manera, el carbonato de calcio se convierte en un buen sustrato para los corales.

# HEXÁGONOS Y TORRES EN EL MAR

## Opciones ecológicas y sustentables sobre el agua

Oceanix City, en la Polinesia Francesa, y Green Float son las promesas del futuro. La primera estará compuesta por módulos, y la segunda, por una serie de rascacielos construidos sobre islas artificiales mediante un ingenioso método.

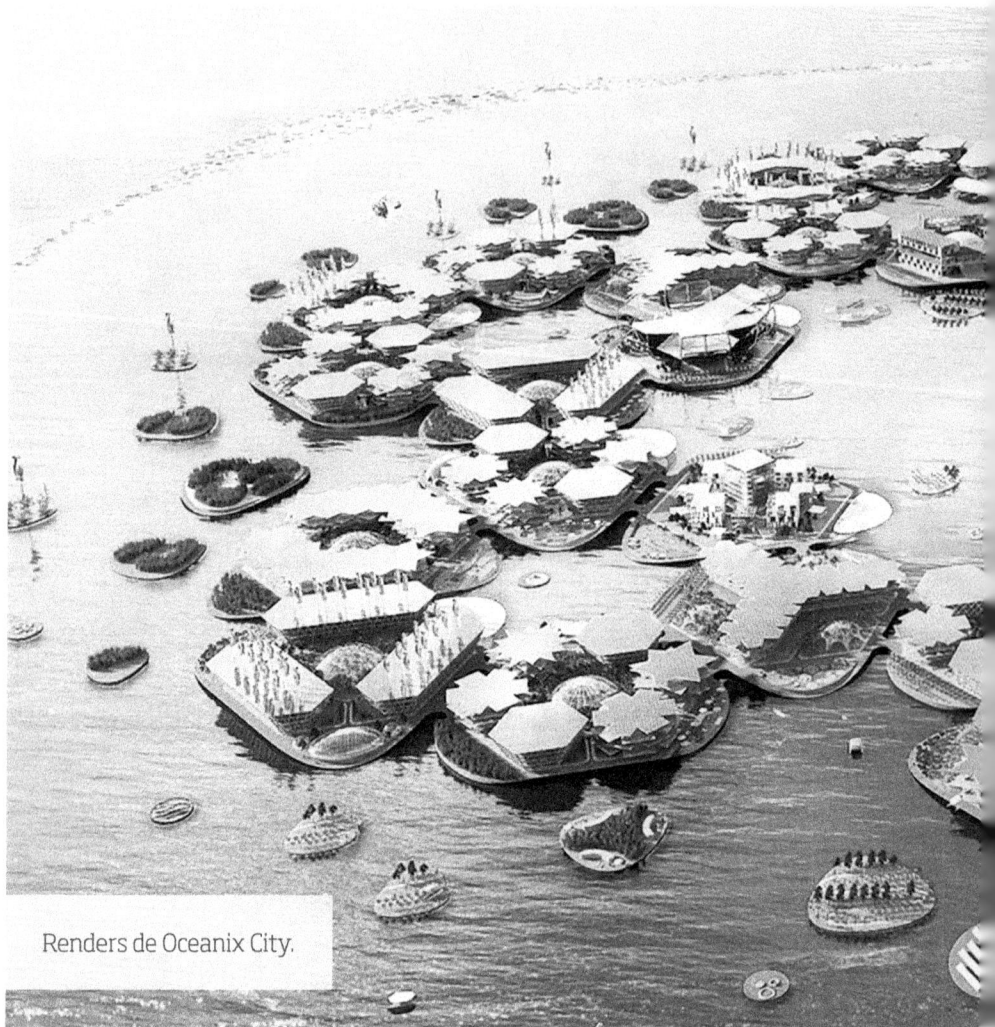
Renders de Oceanix City.

De concretarse, estos proyectos urbanísticos harán las delicias de Greta Thunberg (2003), la joven convertida en celebridad del ambientalismo por su estilo frontal e irreverente. Porque no se trata solo de ciudades flotantes sino de comunidades que serán respetuosas del medioambiente. Sus creadores pensaron en materiales de construcción sustentables como el bambú, el magnesio obtenido del agua de mar o directamente de residuos plásticos.

En estas ciudades, los alimentos llegarán de granjas acuáticas; la energía, de paneles solares y turbinas eólicas, y el transporte se realizará en embarcaciones que prescindirán de combustibles fósiles. Claro que, para que estos proyectos se concreten, habrá que esperar. Todavía pertenecen al mundo de los coloridos *renders* preparados por los arquitectos.

# OCEANIX CITY

En 2016, en el marco de la Nueva Agenda Urbana, Naciones Unidas dio su apoyo al proyecto Oceanix City. Esta idea de ciudad flotante había sido concebida por Marc Collins Chen, exministro de Turismo de la Polinesia Francesa, el arquitecto danés Bjarke Ingels (1974) y el MIT Center for Ocean Engineering. El estudio danés, creado en 2006, además de querer internarse en el océano, ha diseñado la Mars Science City, pensando en que algún día habrá una colonia terrestre en Marte.

La futurista Oceanix City, presentada en sociedad en 2019, está formada, en esencia, por unidades modulares en forma de hexágono. Cada una tendrá 2 ha y podrá alojar a 300 personas en

# CRECIMIENTO DE LA CIUDAD

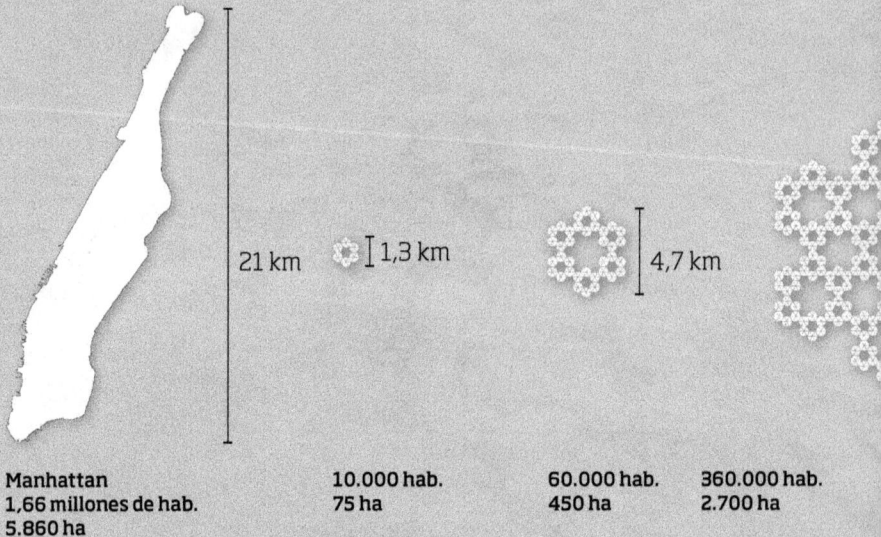

21 km

1,3 km

4,7 km

Manhattan
1,66 millones de hab.
5.860 ha

10.000 hab.
75 ha

60.000 hab.
450 ha

360.000 hab.
2.700 ha

viviendas de no más de 7 pisos. Esto, para asegurar un bajo centro de gravedad y resistir fuertes vientos. Además, las estructuras serán de bambú de rápido crecimiento, con una resistencia –aseguran– seis veces superior al acero, huella de carbono negativa y se cultivaría en la propia ciudad.

En su página web, Oceanix explica detalladamente en qué consiste el proyecto. Destacamos aquí que cada módulo tendrá espacios mixtos para vivienda y trabajo, y para la agricultura comunitaria.

Uniendo módulos alrededor de un puerto central, estas villas de 12 ha podrían albergar 1.650 personas. La unión de más hexágonos podría dar como resultado una ciudad de 75 ha, con capacidad para 10.000 habitantes. Los sectores sociales, de ocio y comerciales estarán en el contorno del anillo interior, y los residentes podrán caminar o navegar alrededor de la ciudad.

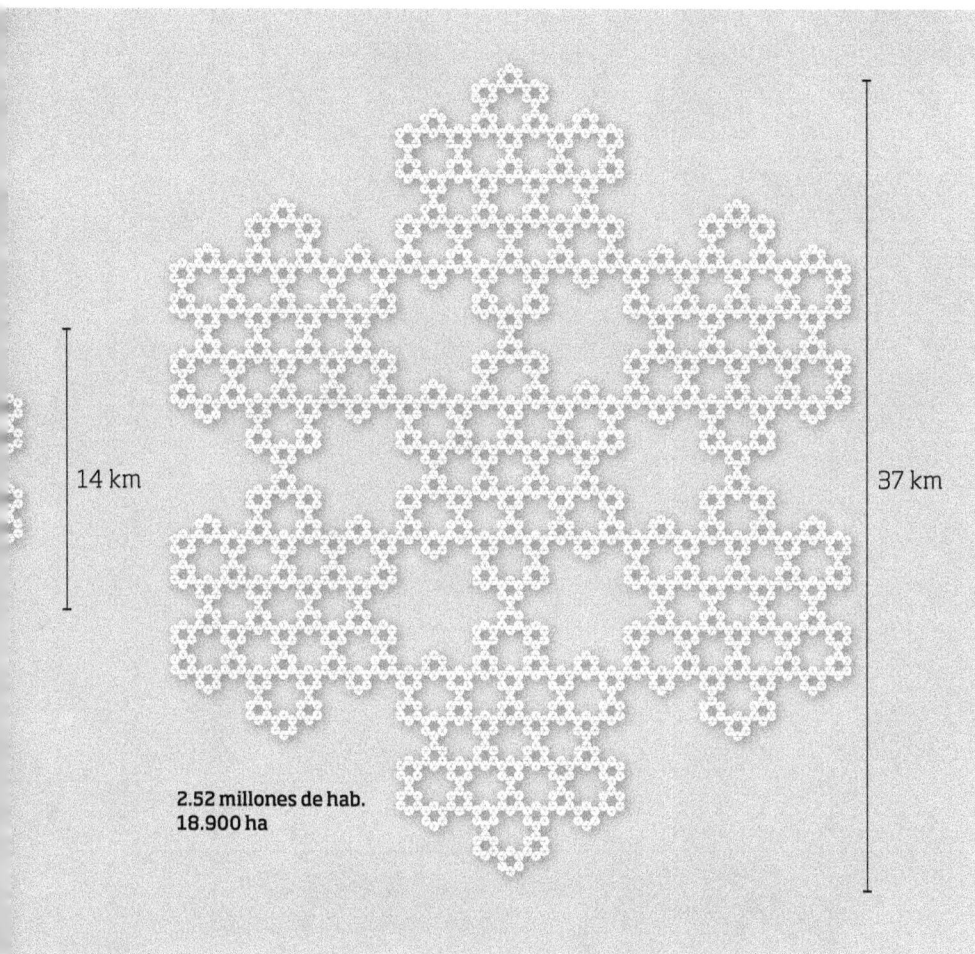

14 km

37 km

2.52 millones de hab.
18.900 ha

Los módulos pueden fabricarse en tierra y remolcarse a su sitio final para reducir los costos de construcción. Esto, junto con el bajo costo de obtener espacio en el océano, crearía un modelo de vida accesible. Collins Chen cree que los seres humanos pueden vivir en ciudades flotantes en armonía con la vida debajo del agua. Durante la primera mesa redonda sobre ciudades flotantes sustentables que Naciones Unidas realizó en abril de 2019, dio algunas definiciones. «No se trata de uno versus el otro. La tecnología existe para que vivamos en el agua, sin matar los ecosistemas marinos», dijo, y agregó: «Nuestro objetivo es asegurarnos de que la flotación sea sostenible para todas las zonas costeras que lo necesitan. No deberían convertirse en un privilegio de los ricos».

Según imaginan sus creadores, en Oceanix City los residentes cultivarán sus propios alimentos tanto por encima como por

Vista nocturna del puerto de la ciudad.

debajo de la superficie, con jaulas submarinas o en «granjas acuáticas». Además, serán capaces de gestionar su propia energía mediante turbinas eólicas y paneles solares, obtener agua potable con un sistema avanzado del aire y tratar de manera correcta los desechos mediante el reciclaje.

Claro que una de las cuestiones consiste en saber de qué estará hecha la base de estas islas. Y aunque Collins Chen admite que formar islas de arena, como en Palm Jumeirah, es una buena alternativa, optó por el Biorock, también conocido como Seacrete.

El método Biorock es una evolución del Mineral Accretion Process (proceso de acrecentamiento de material), desarrollado y patentado por el profesor Wolf Hilbertz (1938-2007) y el doctor Thomas J. Goreau (1950) en 1979. Este concepto nació cuando Hilbertz buscaba una forma alternativa de producir materiales de construcción similares al concreto. Su uso principal consiste en la restauración y construcción de arrecifes de coral.

En la década de 1970, las investigaciones de Hilbertz y Goreau establecieron los principios de esta tecnología, que se basa en disolver hidróxido de magnesio y carbonato de calcio –presentes en el agua de mar– mediante una corriente de bajo voltaje. Los trabajos en conjunto con Goreau siguieron casi tres décadas, pero Hilbertz murió en 2007. Goreau continuó con ellos, como presidente de Global Coral Reef Alliance, que tiene los derechos de la marca Biorock. La corriente de bajo voltaje induce la formación de piedra caliza sobre una superficie de acero, al precipitar los minerales naturales mencionados. Estos cristalizan en partes de la estructura de Biorock haciendo crecer un caparazón duro, similar a los arrecifes de coral. Los depósitos de minerales se acumulan unos 50 mm al año. El resultado es similar a los esqueletos

*En cada isla artificial de 3 km de diámetro, con su torre, calculan que podrán vivir entre 10.000 y 50.000 personas. Un conjunto de islas del doble de diámetro formará una ciudad de unos 100.000 habitantes.*

rígidos formados por corales o moluscos. Las larvas de coral prefieren superficies limpias de piedra caliza antes que construcciones artificiales o hierros viejos para asentarse.

Más allá de las explicaciones técnicas, Oceanix City aún es una meta por alcanzar. Según algunos trascendidos, estaría en la Polinesia, lugar elegido para un proyecto similar, de The Seasteading Institute (TSI). Según Engineering, el gobierno de la Polinesia Francesa desestimó los acuerdos con TSI. Entonces, el propio Collins Chen y otros líderes de TSI abandonaron el instituto para fundar Oceanix.

## GREEN FLOAT

Torres de 1.000 m de alto (unos 200 más que el Burj Al-Khalifa) sobre islas de 3.000 m de diámetro, cuya inspiración viene de las plantas acuáticas conocidas como nenúfares. Este es el concepto, en resumidas cuentas, de Green Float, un proyecto que, al igual que Oceanix City, es una alternativa para cuidar el ambiente, y además para sobrevivir a posibles inundaciones catastróficas.

La idea de Green Float nació en 2008 y dos años después comenzaron los trabajos de investigación, que ya insumieron entre 1,6 y 2,5 millones de euros. Shimizu, un gigante japonés de la construcción, está a cargo del proyecto, y participan profesionales de 14 universidades. Aunque hay varios puntos en común con Oceanix City, también hay diferencias. Sobre todo en los materiales y en el método de construcción de las torres, difícil de imaginar.

El primer paso, obviamente, es la construcción de las islas artificiales donde irán asentadas las torres. Estarán formadas por estructuras hexagonales, a las que denominan *honeycomb* (panal), que se construirán en barcazas especiales. Cada panal es un compartimento hueco en un 90%, de forma hexagonal, de unos 20 m de ancho, 50 m de alto y de 5.000 a 7.000 toneladas. Una vez en el mar, unirán los panales con juntas de goma, más hormigón de alta resistencia, para asegurar el acoplamiento. Una vez acoplada y expandida esta estructura, sobre ella comenzará la construcción de la torre.

95

Shimizu bautiza a su peculiar sistema de construcción en alta mar como Smart Float-Over Dock. Explica que «el edificio no será construido hacia arriba del océano, sino que el marco de la estructura construida a nivel del suelo y la estructura ensamblada se sumergirán temporalmente en el océano. Al completarse el ensamblaje del marco, la "flotabilidad" del océano será utilizada para levantarlo en un solo movimiento».

En cuanto a los materiales de construcción, la propuesta también es muy futurista. Shimizu quiere utilizar el agua del océano como materia prima. ¿De qué manera? El magnesio es un componente del agua de mar y piensan refinarlo, por lo que consideran que será un recurso inagotable y reciclable. Calculan que extraerán 1 tonelada de magnesio por cada 770 litros de agua de mar.

En cada isla artificial de 3 km de diámetro, con su torre, calculan que podrán vivir entre 10.000 y 50.000 personas. Un conjunto de islas del doble de diámetro formará una ciudad de unos 100.000 habitantes, mientras que un archipiélago que se extenderá entre 30 y 50 km sobre el mar podrá alojar a 1 millón de habitantes.

En cuanto a la gigantesca torre, las viviendas estarán en la parte superior (a partir de los 700 m de altura), mientras que el resto será destinado a «granjas verticales» para la producción de alimentos. Las islas tendrán áreas verdes (imaginan bosques y tierras de cultivo) y playas, y residencias bajas.

Shimizu planea instalar sus Green Float en regiones ecuatoriales, en alta mar, con temperaturas medias de entre 26 y 28 °C y a salvo de *tsunamis*. Explican que un *tsunami* en alta mar solo produce una ondulación lenta, a diferencia de las fuertes olas que suelen afectar cuando tocan tierra. Sin embargo, para estar más prevenidos, planean instalar amortiguadores de vibraciones y contrarrestar las fuertes olas con membranas elásticas en las circunferencias de las islas, además de construir diques de 30 m de alto.

Después de una década de estudios, este proyecto todavía pertenece al área Frontier Business (Negocios de Frontera) de Shimizu. Una versión más acotada, Green Float II, con islas de 200 m de diámetro y torres de 100 m de altura, podría concretarse en 2030. El Mega Float, recién en 2050.

# AEQUOREA

Otro destacado arquitecto, el belga Vincent Callebaut (1977), diseñó una ciudad flotante que tendrá una parte debajo del agua y se construirá con un material compuesto por algas y residuos plásticos. Callebaut, cuyo estudio tiene sede en París, se destaca por proyectos que están en sintonía con la protección del ambiente.

El nombre de esta ciudad flotante, Aequorea, proviene de una medusa bioluminiscente (*Aequorea victoria*), cuyos tentáculos le permiten nadar y producir su propia energía. Callebaut convirtió esta característica en el corazón de su proyecto. Para explicarlo, además, ha sido muy creativo. Lo describe en una carta enviada por un nieto imaginario que vive en un futuro situado en el año 2050. Para entonces existirá un Séptimo Continente formado por residuos plásticos y una generación entera que vive en el mar.

La ciudad Aequorea replicará la forma de la medusa, con 500 m de ancho y 1.000 m de profundidad, y espacio para 10.000 viviendas de entre 25 y 250 m², más áreas para oficinas, granjas marinas y todo lo necesario para vivir.

Uno de los materiales de construcción es el Algoplast, que Callebaut imagina como un compuesto de algas y basura plástica del Séptimo Continente. Para obtenerlo, propone filtrar las micropartículas suspendidas entre 10 y 30 m de profundidad y mezclarlas con una emulsión de gel de algas para extruirlas en forma de filamentos. Luego, estos filamentos serán utilizados con impresoras 3D.

La idea de Callebaut es que las Aequoreas se autoconstruyan mediante «la calcificación ecológica y natural, de la misma manera que lo hacen las conchas marinas», explica. Esto ocurriría al fijar el carbonato de calcio contenido en el agua para formar un esqueleto

*La ciudad Aequorea replicará la forma de la medusa, con 500 m de ancho y 1.000 m de profundidad, y espacio para 10.000 viviendas de entre 25 y 250 m², más áreas para oficinas, granjas marinas y todo lo necesario para vivir.*

externo, integrado por torres de 1.000 metros de profundidad. La estructura de las torres, espiralada, brinda protección contra la presión hidrostática y los remolinos marinos, además de reducir el movimiento en la superficie. Por otra parte, una vez lleno de agua de mar, el lastre baja el centro de gravedad de Aequorea para contrarrestar los efectos del principio de Arquímedes y garantiza la estabilidad en caso de tormentas o terremotos.

Sobre la superficie podrán verse fachadas transparentes realizadas en aragonito, un compuesto de carbonato de cal. También manglares dispuestos sobre una cúpula flotante de 500 m de diámetro. Allí estarán los espacios de trabajo conjunto, laboratorios, plantas de reciclaje, hoteles, campos deportivos y granjas acuáticas, entre otras instalaciones. Habrá también lagunas interiores para captar agua de lluvia que, purificada, utilizarán los habitantes de la ciudad.

La energía necesaria para la ciudad provendrá de organismos simbióticos. «No hacen falta carbón, petróleo, gas o energía nuclear. Producimos bioluminiscencia gracias a organismos simbióticos con luciferina, que emiten luz mediante la oxidación», dice la carta imaginaria. Además, en el fondo del mar funcionarán hidroturbinas. Y una planta de conversión de energía océanica (Ocean Thermal Energy Conversion, OTEC) situada en el eje vertical se basará en la diferencia de temperatura del agua de la superficie y de las profundidades para producir electricidad. La central OTEC también servirá para desalinizar el agua marina y, de esta manera, producir agua potable y apta para el regadío.

Microalgas que crecen en las paredes de los acuarios y que absorben el dióxido de carbono de la respiración humana servirán para brindar calor y frío en el ambiente interior. También, según el proyecto, contribuirán a reciclar la basura.

Nada ha quedado librado al azar en la futurista Aequorea. Sobre la superficie se diseñaron cuatro estructuras con forma de concha para invernaderos y granjas orgánicas. Prevén que cultivarán algas, plancton y moluscos. Por supuesto, también se dedicarán a la pesca. El transporte será a través de barcos o minisubmarinos, con fuel de alga o hidrocarburos libres de $CO_2$. Y para los muebles, imaginan recurrir a materiales biológicos, como la quitina.

98

Finalmente, Callebaut propone olvidarse de los tanques de buceo, a los que reemplazará por máscaras branquiales que podrán capturar el agua y extraer moléculas de oxígeno. Los trajes serán de microperlas, parecidos a una piel de delfín, y fibras de carbono. Eso sí, habrá que esperar: la carta imaginaria está fechada en la Navidad de 2065, en Río de Janeiro, lugar elegido para la primera Aequorea.

## TRITON CITY

En la década de 1960, el arquitecto y filósofo Richard Buckminster Fuller (1895-1983) recibió el encargo de diseñar una ciudad flotante en la Bahía de Tokio por Matsutaro Shoriki (1885-1969). Llamó a su proyecto Triton City y fue pensado para unos 5.000 habitantes. Si bien Shoriki murió en 1966, el Departamento de Desarrollo Urbano de Estados Unidos siguió con el proyecto. El propio Buckminster Fuller escribió en *Critical Path:* «Las ciudades flotantes no les pagan rentas a los propietarios de tierras. Están sobre el agua, que puede desalinizarse y reciclarse de manera útil, sin polución. Son embarcaciones con toda la autonomía técnica de un barco oceánico, pero también son barcos que siempre estarán anclados. No tienen que ir a ningún lado». Triton City, según el proyecto, es resistente a *tsunamis*, con forma de tetraedro para brindar mayor superficie como menos volumen. El arquitecto también propuso desalinizar el agua de mar para conseguir agua potable y otros conceptos presentes ahora en Oceanix City o Green Float. La ciudad de Baltimore quiso el proyecto para la Bahía de Chesapeake, pero finalmente no se concretó.

*99*

# HACIA LAS PROFUNDIDADES

## Ciudades bajo el agua

La vida humana debajo del mar, en un ambiente sin oxígeno ni luz natural, siempre pareció un tema propio de la ciencia ficción. Pero Ocean Spiral está pensada como una verdadera ciudad submarina que, literalmente, llega hasta el fondo. Algo más modesto es el SeaOrbiter, un proyecto de investigación científica, por arriba y por debajo de la superficie.

La vida bajo el agua siempre resultó tan fascinante como la exploración del espacio. De alguna manera, ambos ámbitos desafían las capacidades humanas. En 2020, existen grandes proyectos para crear ciudades en un lugar que aún no conocemos del todo: las profundidades del océano. Ideas que tienen cada vez más adeptos debido a sus posibles ventajas ecológicas, en un mundo terrestre cada vez más poblado.

Pero antes de vislumbrar estos proyectos subacuáticos hay que destacar el aporte de Jacques Cousteau (1910-1997) en este sentido. Enamorado del mar y gran divulgador de su exploración, sobre todo con el buque de investigación *Calypso*, fue pionero en poner a prueba la vida bajo el agua en instalaciones diferentes de un submarino. A partir de 1962, el proyecto Conshelf I consistió en la construcción de *Diógenes*, un cilindro de acero de 5 m de largo y 2,5 m de diámetro que sirvió de laboratorio y hogar para dos «oceanautas», quienes vivieron a 30 m de profundidad durante una semana. El éxito de *Diógenes* llevó a Cousteau a crear Conshelf II al año siguiente. Una estructura llamada Starfish, ubicada a 10 m de profundidad en el mar Rojo, y una plataforma, 15 m más abajo. Participaron cinco buzos, y dos de ellos permanecieron una semana en la plataforma más profunda.

Cousteau subió la apuesta en 1965, cuando cerca de Niza construyó Conshelf III, una esfera de dos niveles y capacidad para seis «oceanautas», cuya misión iba a prolongarse tres semanas. El experimento probó que los humanos pueden vivir bajo el agua por períodos bastante extensos, aunque son afectados por la falta prolongada de la luz solar. Conshelf III, sin embargo, sentó las bases para el entrenamiento de los astronautas.

Lo cierto es que hacia 2020 había pocas plataformas submarinas habitables. Una es Aquarius, instalación de la Administración Nacional Oceánica y Atmosférica (NOAA, National Oceanic and Atmospheric Administration) de Estados Unidos, instalada en los cayos de Florida desde 1997. La otra es Jules' Undersea Lodge, también en los cayos y único hotel (en realidad, un microhotel, para dos huéspedes, a 800 dólares la noche) al que solo se puede llegar buceando. No obstante, otros hoteles también ofrecen habitaciones bajo el agua, como veremos más adelante.

# THE OCEAN SPIRAL

Existen proyectos algo más ambiciosos, que buscan habilitar la vida en las profundidades de manera indefinida. Verdaderas ciudades, para miles de personas, ubicadas bajo el mar. La empresa japonesa Shimizu, que como vimos creó Green Float, tiene en carpeta The Ocean Spiral, una ciudad submarina que, aseguran, podría ser realidad en 2030. Todos sus recursos provendrían del océano: el alimento, la energía, el agua potable y los recursos minerales. Además, como las ciudades flotantes, tiene un gran componente ecológico para disminuir las emisiones de $CO_2$.

En pocas palabras, The Ocean Spiral está compuesta por una esfera de 500 m de diámetro, sumergida a unos 200 m de profundidad. Albergará una torre donde estarán las viviendas (para unas 5.000 personas) y los lugares de trabajo. Su estructura de esfera ha sido pensada para resistir las presiones de las profundidades y estará compuesta de vigas de resina de concreto (u hormigón) de alta resistencia y placas de acrílico semitransparente. Cada placa, de forma triangular, tendrá 50 m de lado y 3 m de espesor.

La esfera y, sobre todo, la torre servirán para alojar 350 residencias, 800 apartamentos, un hotel de 350 habitaciones y 50 suites, además de espacios para oficinas. Las suites estarán sobre las paredes de la esfera, mientras que el resto de las instalaciones se ubicarán en la torre. La parte interior de la esfera, en su zona media, tendrá una larga vereda para caminar viendo las profundidades y, en la parte central, una gran plaza, a la manera de los centros comerciales.

La construcción de la esfera recurrirá a tecnologías de avanzada. Por ejemplo, se utilizarán gigantescas impresoras 3D para los moldes de resina de concreto de las vigas y la técnica de voladizo balanceado usada en puentes, además del método Dywidag (que consiste en el pretensado de hormigón mediante cables o barras) para mejorar sus condiciones anticorrosivas y su debilidad ante la tracción. Todo se hará sobre la superficie, para luego hundir la esfera, que permanecerá a unos 200 m bajo el mar, sujetada por cables de acero que bajarán hasta el fondo.

El nombre del proyecto se debe a la enorme espiral que estará ubicada debajo de la esfera. Descenderá unos 4 km hasta alcanzar

Esquema parcial de Ocean Spiral.

el fondo del mar. Sus funciones principales serán el transporte de personas (en unidades a las que bautizaron góndolas), electricidad, agua y oxígeno, en la parte exterior, mientras que en el interior servirá para producir energía.

La energía será maremotérmica (Ocean Thermal Energy Conversion, OTEC), un sistema desarrollado por Jacques-Arsène d'Arsonval (1851-1940) y Georges Claude (1870-1960), en los años 30 en Cuba. Según el sitio OTEC News, se trata de una tecnología que aprovecha la energía solar absorbida por el océano para generar electricidad. El Sol calienta la superficie marina mucho más que en las profundidades, lo que crea una diferencia de temperatura, o energía termal. OTEC utiliza una diferencia de unos 25 °C para convertir en vapor un fluido como el amoníaco, que tiene un punto de ebullición bajo. Entonces, el vapor se expande y pone en movimiento una turbina acoplada a un generador que, a su vez, produce electricidad. Luego, el vapor se enfría con agua bombeada desde el fondo del mar, donde la temperatura ronda los 5 °C. Esto condensa el amoníaco en líquido, permite su reutilización y asegura un ciclo continuo de generación de electricidad. Para que OTEC funcione, es fundamental la diferencia de temperatura del agua. Por eso ha sido pensada para áreas ecuatoriales, donde la diferencia es de al menos 20 °C.

Este tipo de energía será puesta a prueba con una barcaza que la fundación OTEC instalará en las costas de las islas Maldivas en 2020. Producirá 150 Kw, con un total estimado en 1.100 Mw al año, suficientes para abastecer a la Isla de Fenfushi y desalinizar agua de mar. Otro aspecto fundamental es la obtención de agua potable. Para ello, Shimizu apuesta a un proceso sofisticado: ósmosis inversa, que consiste en utilizar una membrana semipermeable y ejercer una presión que supere la presión osmótica.

El fenómeno de ósmosis, según la compañía Lenntech, ocurre cuando se encuentran dos fluidos con concentraciones de sólidos disueltos diferentes. Estos fluidos se mezclarán hasta que la concentración sea uniforme. Si están separados por una membrana permeable, que permite el paso de uno de los fluidos, el que se moverá a través de ella será el de menor concentración, para incorporarse al otro. Sin embargo, para purificar el agua hay que

*The Ocean Spiral está compuesta por una esfera de 500 m de diámetro, sumergida a unos 200 m de profundidad. Albergará una torre donde estarán las viviendas (para unas 5.000 personas) y los lugares de trabajo.*

recurrir a la ósmosis inversa. Se utilizan membranas y, para forzar el paso del agua con mayor concentración de sólidos disueltos (el agua de mar, por ejemplo), hay que presurizarla a un valor superior al de la presión osmótica (unos 60 bar, en este caso). Los equipos actuales de ósmosis inversa permiten filtrar partículas de 0,0001 micrón, siendo la manera más confiable de contar con agua pura sin recurrir a sustancias químicas.

Donde terminará la espiral, ya en el fondo marino, The Ocean Spiral tendrá instalaciones a las que denominan Earth Factory. Allí habrá espacio para la reutilización del $CO_2$, el desarrollo y la excavación de distintos recursos (agrícolas y mineros), y dispositivos para monitorear movimientos sísmicos.

El proyecto también contempla posibles adversidades. Por ejemplo, para asegurar la estabilidad de la espiral, habrá varias esferas (llenas de arena y aire) que funcionarán como lastre. Además, construirán un rompeolas que servirá como atracadero. Y habrá un sistema para amortiguar las vibraciones que pueda sufrir la estructura.

## INVESTIGACIÓN Y TURISMO

El arquitecto francés Jacques Rougerie (1945) continúa la tradición de Cousteau y otros pioneros en lo que a investigación marina se refiere. Autor de una treintena de proyectos que aúnan su pasión por el mar y la arquitectura, Rougerie es el creador del SeaOrbiter, una de sus ideas más logradas y testeada desde hace años. Mezcla de barco y submarino, consiste en una estructura de 50 m de largo, de los cuales 20 estarán sobre el nivel del mar y

La esfera vista desde adentro
y la torre de Ocean Spiral.

30, por debajo. El SeaOrbiter ha sido pensado como un laboratorio capaz de cumplir misiones de largo aliento, ya que obtendrá su energía de tres fuentes renovables: el Sol, el viento y el propio mar. También será una especie de centinela desde el cual se podrán atisbar los cambios del océano y hasta un lugar para el entrenamiento de astronautas de la NASA y la Agencia Espacial Europea (ESA).

Con un costo estimado en 50 millones de dólares, el SeaOrbiter tendrá una plataforma de observación a 13 m de altura, la sala de máquinas a 6 m y una sala de control a 3 m, siempre sobre el mar. Bajo la superficie, a 2 m de profundidad, estarán las habitaciones (para una tripulación estimada en 20 personas), a 4,5 m el laboratorio, a 7 m un observatorio y a 9,35 m un módulo presurizado que podría utilizarse para simular la vida en el espacio.

Aunque la puesta en el agua del SeaOrbiter estaba prevista inicialmente para 2013, el proyecto todavía no se ha concretado. La Fundación Jacques Rougiere informa de varios testeos con un modelo a escala de 1:5, realizados en instalaciones de Marintek, Noruega. Según estos estudios, SeaOrbiter podría resistir grandes oleajes y tormentas en alta mar. En 2015, dieron cuenta de la construcción del «ojo», un módulo que estará en la parte superior del SeaOrbiter. Es la primera sección de la nave, construida en los astilleros ACCO. El SeaOrbiter sería parte de un proyecto más grande, denominado City of Meriens. Con forma de mantarraya, según Rougiere, será un enorme laboratorio oceanográfico, con capacidad para 7.000 personas, previsto para 2050. Con 900 m de largo y 500 m de ancho, podrá llevar barcos y submarinos de investigación de hasta 90 m de eslora y varios SeaOrbiter.

City of Meriens recurrirá a la energía renovable, a partir del mar, para lograr gran autonomía; tendrá criaderos de animales y sistemas de agricultura ubicados a ambos lados del canal de una laguna interior, además de invernaderos hidropónicos en los extremos de sus alas.

En materia de turismo, además del Jule's –cuyo nombre es un homenaje a Julio Verne–, uno puede alojarse en habitaciones a 2 m bajo el agua. Para ello, hay que llegar hasta el Shimao Waterland Intercontinental Hotel, en Songjiang, cerca de Shanghái, China. Este hotel de 18 pisos fue construido de arriba abajo en una

112

Esquema del SeaOrbiter.

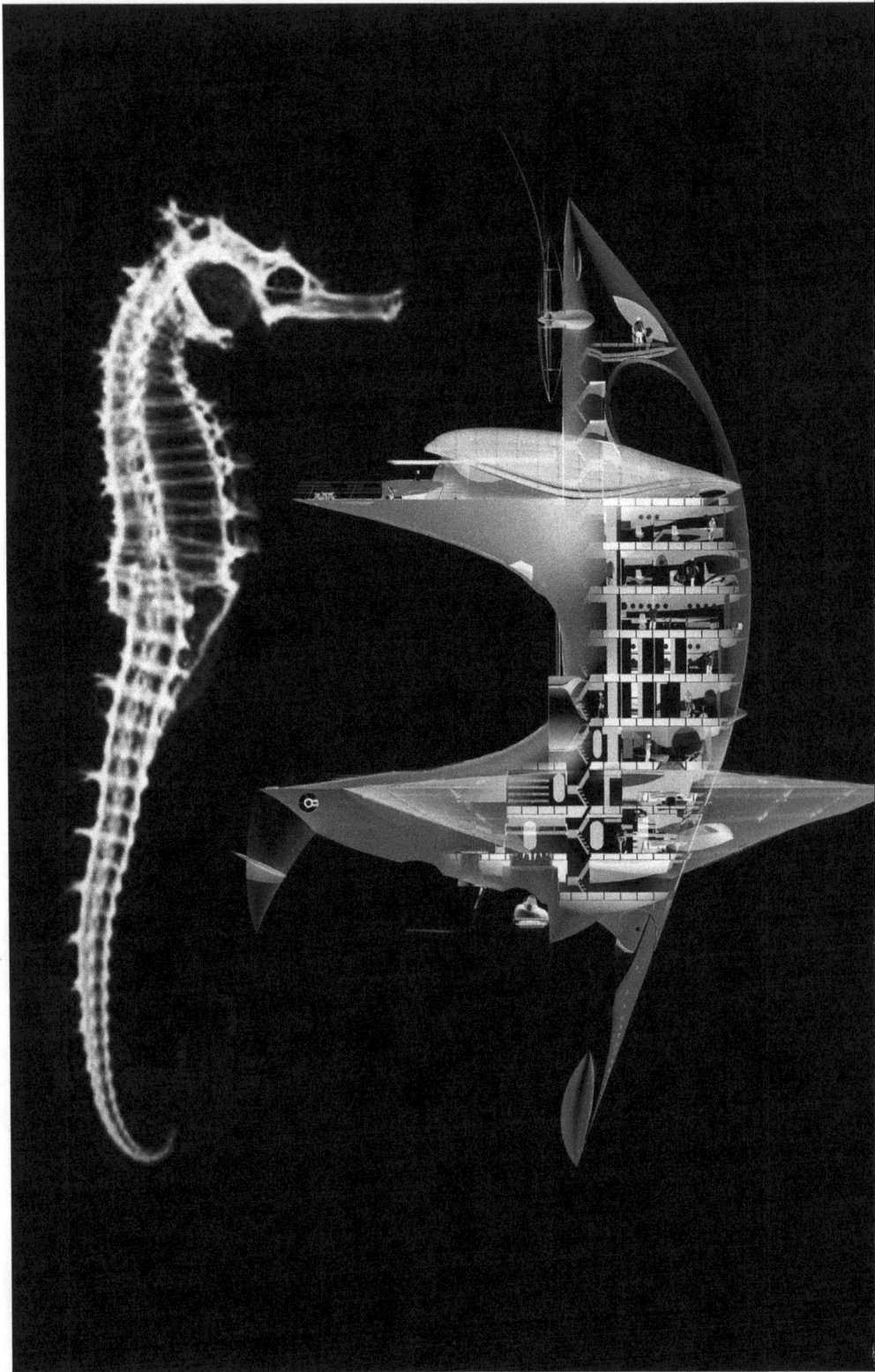

cantera abandonada e inundada. Proyecto del estudio JADE+QA y del arquitecto Martin Jochman, ha recibido varios premios y fue inaugurado en 2019. En el sector submarino, llamado The Lagoon, hay suites de 120 m² con vistas a un gigantesco acuario. El Conrad Maldives Rangali Islands, en las Maldivas, se jacta de su restaurante submarino, de nombre Ithaa, ubicado a 5 m de profundidad, con vista a jardines de coral.

Pero el proyecto de mayor envergadura en materia de hoteles subacuáticos, hasta ahora, es el Poseidon Undersea Resorts, del empresario Norman Bruce, dueño de Triton Submarines. El Poseidon es un hotel de 220 suites que ocupa una isla privada, en Fiyi. Mientras que en la superficie habrá 48 bungalows de lujo, a 170 m de profundidad estarán las 24 suites, de 51 m² cada una. El 70% de cada suite será de acrílico transparente. También habrá una capilla, para los enamorados que quieran casarse bajo el agua. Y si bien aseguran que hay unos 150.000 interesados registrados, el hotel todavía no ha sido terminado.

*115*

Vivir bajo el agua sigue siendo un desafío. Pero estos proyectos indican que no falta tanto para que comience a ser una realidad.

## EL NAUTILUS

En su novela *20.000 leguas de viaje submarino*, publicada en 1869, Julio Verne presentó el *Nautilus*. Esta nave fantástica que llevó por las profundidades al legendario capitán Nemo tiene algunas características que la emparentan con proyectos como The Ocean Spiral y Sea Orbiter. El *Nautilus* no era una ciudad flotante: solo un cigarro de metal de 70 m de eslora y 8 m de ancho. Sin embargo, Verne imaginó un comedor de lujo, una biblioteca y hasta un gran salón con valiosas obras de arte. Además, la nave tenía amplias claraboyas para observar el fondo marino. En la época del auge de las máquinas de vapor (el español Narciso Monturiol Estarriol había diseñado el *Ictíneo II* con ese tipo de locomoción en 1864), Verne optó por baterías de sodio-mercurio. Como relata el propio Nemo, obtenía el cloruro de sodio del mar y lo mezclaba con el mercurio para crear una fuente inagotable de energía. Además, tomaba el aire de la superficie y luego lo almacenaba en tanques especiales. Como se sabe, Verne fue un adelantado a su época. Recién en 1885 Isaac Peral presentó un submarino con motores eléctricos de 30 HP. En el caso de esta novela, no todo fue imaginación, claro. *Nautilus* era el nombre del primer submarino con hélice, diseñado por Robert Fulton en 1800, por encargo de Napoleón Bonaparte.

# COLONIZAR EL MAR

## Perspectivas políticas
## y económicas en discusión

La conciencia ecológica y las ideas libertarias dominan el proyecto de construir una ciudad flotante en la Polinesia. Esta podría convertirse en un laboratorio político y económico. Pero, por ahora, la política y la economía constituyen el principal escollo.

El concepto de ciudad flotante puede ir más allá de Oceanix City y proyectos similares. Como aquellas, las concebidas por The Seasteading Institute también se relacionan con la necesidad de buscar nuevos horizontes en un planeta amenazado por la super-población y el cambio climático. Los recursos tecnológicos y la arquitectura pueden sorprender, sin duda, pero la combinación con ideas libertarias, emparentadas con conceptos que revolucio-nan la economía (como Uber, Airbnb, WeWork, etc.), produce razonables dudas. Es que, de concretarse como sueñan sus crea-dores, estas ciudades flotantes podrían ser experimentos de nue-vas formas de gobierno y de manejo de la economía.

## DE SILICON VALLEY A LA POLINESIA

El proyecto conocido como Artisanópolis, o Floating City, tiene sus orígenes en una entidad nacida en 2008, The Seasteading Institute (TSI). Fueron Patri Friedman (1976), ingeniero informático y nieto del Nobel de Economía Milton Friedman, y el emprendedor tecno-lógico, dueño de PayPal y filántropo Peter Thiel (1967) quienes con-cibieron la colonización del océano bajo nuevos términos. Al princi-pio también participaba Marc Collins Chen, exministro de Turismo de la Polinesia Francesa y luego impulsor de Oceanix City.

En los propósitos del TSI explican que «los altos costos de la ingeniería a mar abierto constituyen una larga barrera para los emprendedores». Por eso, proponen «buscar soluciones para redu-cir esos costos fuera de las aguas territoriales de las naciones, con el objetivo de obtener autonomía política para gobiernos expe-rimentales». El primer paso, entonces, sería «negociar con una nación-huésped para obtener máxima autonomía e intercambiar beneficios económicos».

Luego, vienen las críticas. «Los sistemas políticos obsoletos concebidos en siglos anteriores están mal equipados para dar rienda suelta a las enormes oportunidades en la innovación del siglo XXI». Y la apuesta por comunidades pequeñas: «El mundo necesita un lugar donde quienes deseen experimentar con la construcción de nuevas sociedades puedan probar sus ideas.

Toda la superficie en la Tierra ya está reclamada, haciendo que los océanos sean la próxima frontera de la humanidad», asegura el TSI en sus fundamentos.

Para llevar estas ideas a la práctica, Friedman –cuyo abuelo se distinguió por sus ideas económicas liberales– y Thiel proyectaron una ciudad flotante, Artisanópolis, en la Polinesia Francesa. Por medio de Blue Frontiers, el TSI contrató a DeltaSync, de Países Bajos, empresa especializada en proyectos sobre el agua. En 2017, firmaron un memorándum de intención con el presidente de la Polinesia Francesa, Édouard Fritch, y pusieron como fecha de conclusión de la construcción el año 2020.

## INSPIRACIÓN TRADICIONAL

Los especialistas de Blue Frontiers se inspiraron en los recursos propios y hasta en las tradiciones de estos alejados archipiélagos de la Polinesia, en el Pacífico Sur. Sin perder de vista que todo debe ser 100% renovable y autosuficiente, según los principios de la entidad. De esta manera, más allá de los vaivenes políticos que por ahora la frenan, Artisanópolis podría convertirse en un ejemplo de comunidad sustentable.

*119*

El lugar elegido para construir las plataformas donde se asentarán los edificios es la laguna Atimaono. Habrá dos tipos de plataformas: unas pequeñas, para villas diseñadas para familias grandes, y unas más grandes, para apartamentos (de 80 y 60 m²) y bungalows, para familias pequeñas.

En la laguna, según el documento «Floating Development for French Polynesia, Concept Design», que Blue Frontiers publicó en 2017, habrá 7 plataformas (cada una de 25 por 25 m), unidas entre sí. Un muelle, ubicado en la parte interior, conectará las plataformas a otras más pequeñas, donde estarán las villas. Junto al muelle flotante habrá playas, puertos deportivos y áreas para la producción de alimentos.

Los edificios de las plataformas más grandes (apartamentos y bungalows) tendrán sus techos cubiertos de verde y serán utilizados, además de hábitat para plantas y pequeños animales, para la recolección de agua de lluvia y la ubicación de paneles solares para producir energía. Los techos verdes estarán

*Los especialistas de Blue Frontiers se inspiraron en los recursos propios y hasta en las tradiciones de estos alejados archipiélagos de la Polinesia. Artisanópolis podría convertirse en un ejemplo de comunidad sustentable.*

compuestos por el sustrato que sostiene la vegetación, y varias capas de minerales encargadas de absorber, filtrar y drenar el agua. Estas capas también protegen al techo de las raíces y aseguran la aislación hidrófuga. Por lo general, 1 m² de techo verde puede pesar entre 35 y 180 kg, dato que deberá ser tenido en cuenta por los constructores.

Un espacio central dará acceso a los apartamentos, de 60 u 80 m², pensados para estudiantes, investigadores o turistas. Una serie de escaleras conducirán hasta los bungalows del techo, que tendrán unos 60 m² y, como dijimos, han sido pensados para familias pequeñas. La estructura edilicia alcanzará los 13 m sobre las plataformas, que se hundirán unos 2 m y estarán hechas de varios compartimentos huecos, compatibles con diversas instalaciones, el almacenamiento de agua y otros bienes, o como restaurante submarino. Además, los apartamentos podrían convertirse en oficinas o locales.

Las plataformas más pequeñas (200 m²) alojarán las villas y tendrán espacio para reuniones sociales, estacionamiento de bicicletas y guardado de kayaks y canoas. La vegetación local estará presente: *Ficus pumila*, *Gardenia tahitensis* y *Cordyline fruticosa*, entre otras. Estas villas, cuyo diseño se inspira en las canoas tradicionales (*va'a*) y en la isla Mokulana, tendrán sala de estar y terraza orientadas hacia el oeste para disfrutar del atardecer. La terraza se podrá cubrir con un sistema de cubierta retráctil que evoca la vela de un *va'a*. Un patio interno ha sido pensado para asegurar buena ventilación e iluminación naturales. El bambú y la madera de teca serán utilizados para la estructura, el revestimiento y los muebles. Los techos curvos estarán cubiertos por vegetación o madera, y soportarán paneles solares.

## A CUIDAR EL AMBIENTE

El equipo de diseño, integrado por el arquitecto Simon Nummy, Barbara Dal Bo Zanon, Bart Roeffen, Karina Czapiewska, Lenick Perennou y Vicky Lin, tuvo en cuenta el aprovechamiento de todos los recursos ambientales disponibles. La construcción de las plataformas de concreto se realizaría fuera de la Polinesia y luego se recurriría a las maderas de la zona para levantar los edificios.

El diseño contempla dejar pasar la mayor cantidad de luz solar hacia el fondo marino y disminuir la luz artificial para no entorpecer el ciclo día-noche de la vida marina. Además, planean recurrir al Biorock para crear corales artificiales y usar drones para el monitoreo constante del ambiente submarino.

El Sol será la principal fuente de energía, según el proyecto. La obtendrán mediante paneles solares híbridos, en los cuales el calor producido por las células fotovoltaicas es aprovechado y transferido mediante un fluido a un acumulador solar. La electricidad, en tanto, será almacenada mediante el sistema Tesla Powerwall. Para satisfacer las necesidades de Artisanópolis, alrededor del 20% de sus 7.500 m² deberá estar cubierto por paneles solares. El calor extraído de la refrigeración de los paneles solares servirá para calentar el agua corriente, y recurrirán a la ventilación natural para enfriar las habitaciones. Si el calor fuera intenso, podrían utilizar deshumidificadores y, como última alternativa, aire acondicionado. En este sentido, mencionan el sistema de aire acondicionado basado en agua de mar (SWAC, Sea Water Air Conditioning), que bombea agua fría desde las profundidades para lograr el enfriamiento y evitar los sistemas eléctricos de refrigeración.

El agua potable será producto de la filtración del agua de lluvia. Sus diseñadores calculan que necesitarán unos 170 litros de agua diarios por habitante, de los cuales 32 provendrán de los colectores de agua de lluvia, 30 de los jardines y 42 de los paneles solares, entre otras fuentes. El agua de los inodoros será filtrada mediante algas, para su reutilización.

En cuanto a los residuos, suponen que podrán reutilizar la mayoría. Los orgánicos (calculados en un 35% del total) pasarán por un digestor para convertirse en gas y fertilizantes. El papel, el vidrio, los metales y el plástico serán reciclados, al igual que la

El Principado de Sealand, en el Mar del Norte.

*El agua potable será producto de la filtración del agua de lluvia. Sus diseñadores calculan que necesitarán unos 170 litros de agua diarios por habitante, de los cuales 32 provendrán de los colectores de agua de lluvia, 30 de los jardines y 42 de los paneles solares.*

madera, el cuero, el caucho y los textiles, que se convertirían en nuevos productos. Es más, sostienen que la ropa y los zapatos usados podrían venderse en tiendas de segunda mano. Quedaría un pequeño porcentaje de desechos «peligrosos», como las baterías, a los que prometen eliminar con «sumo cuidado».

Como el enfoque de este proyecto es integral, Blue Frontiers aspira a una «mezcla equilibrada» de residentes permanentes y visitantes. Piensan atraer a «jóvenes profesionales, investigadores y emprendedores, interesados en comenzar su propio negocio, trasladar sus negocios existentes o contribuir a la investigación», según el folleto. Agregan que promoverán los alojamientos al estilo Airbnb.

## PROBLEMAS Y DILACIONES

Hasta la firma del memorándum con el gobierno de la Polinesia Francesa, todo avanzaba sin mayores contratiempos. Sin embargo Thiel, partidario manifiesto del presidente Donald Trump, dejó de aportar fondos y Collins Chen abandonó el proyecto para liderar Oceanix.

Construir Artisanópolis, según cálculos del director ejecutivo del TSI, Randolph Hencken, citado por *The New York Times*, demandará entre 10 y 50 millones de dólares. Hasta 2017 habían conseguido 2,5 millones a través de donaciones. Con todo, Hencken aseguraba que las obras comenzarían en 2018 y finalizarían dos años después. Pero pronto aparecieron los inconvenientes, ahora en la propia Polinesia.

En abril de 2018, medios de Nueva Zelanda y el sitio Business Insider informaron acerca de protestas de pescadores y residentes

124

## SEALAND

El Principado de Sealand es el «país» más pequeño del mundo. Tiene 550 m$^2$ constituidos por una estructura de hormigón y acero, ubicada a 7 millas náuticas de la costa británica, en el Mar del Norte. Declaró su independencia en 1967, luego de que el comandante Roy Bates (1921-2012) instalara allí una estación de radio «pirata». Alegaba que ese lugar, Fort Roughs (una instalación militar abandonada, utilizada para defenderse de Alemania durante la Segunda Guerra Mundial), estaba en aguas internacionales y no era de nadie. En 1968, desde Sealand atacaron a un buque británico. Los Bates fueron a juicio, pero un juez planteó que no podía intervenir porque no tenía jurisdicción sobre la plataforma.

El principado tiene casi todo para ser un país: bandera, himno, constitución, monedas, estampillas, selección de fútbol y hasta vende DNI y títulos de nobleza. Incluso, en 1978, hubo un intento de «golpe de Estado» y el heredero de Roy, su hijo Michael, estuvo prisionero algunas horas. Sin embargo, no ha sido reconocido por Naciones Unidas y, mucho menos, por el Reino Unido, que en 1987 extendió sus aguas territoriales a 12 millas, por lo que Sealand quedó bajo su jurisdicción, sin mayores dudas. Tras la muerte de Roy y de su esposa Joan, el principado pasó a Michael y a sus hijos. En un intento por mejorar las finanzas, Sealand creó una «nube» para guardar información sensible. Y la plataforma también fue puesta a la venta en 2007, por casi 11 millones de euros. Hubo ofertas, sobre todo de «piratas informáticos», pero la familia real, que vive en Inglaterra, no aceptó.

125

de la isla de Mataiva. Temerosos por los efectos que el proyecto pudiera ocasionar en la economía y el ambiente, realizaron algunas manifestaciones en su contra. Ese mismo año, el partido de Fritch, Tapura Hoiraatira, también realizó objeciones, y el memorándum quedó sin efecto.

Aunque Blue Frontiers insiste en la viabilidad de Floating City en su página web, el apoyo de la ONU a Oceanix City –que tuvo su lanzamiento oficial en 2019– y las dificultades políticas mencionadas lo pusieron en un cono de dudas. El tiempo dirá si este y otros proyectos similares llegan a concretarse, señalando nuevos hitos en la colonización del mar.

## THE FREEDOM SHIP

Muchos cruceros de lujo tienen bastante parecido con ciudades flotantes porque incluyen, además de los camarotes, variedad de restaurantes, negocios, piscinas, etc. Sin embargo, en 2001, el multimillonario Norman Nixon presentó una nave que supera todo lo conocido: *The Freedom Ship*. Sí, será un barco, pero de dimensiones nunca vistas. Casi 1.400 metros de eslora, 230 de ancho y 110 de alto. Es decir, cuatro veces más largo que el *Queen Mary* y tres veces el *Titanic*. Su peso proyectado también será récord: casi 3 millones de toneladas, seis veces el peso del *Knock Nevis*, uno de los superpetroleros más grandes del mundo.

Esta verdadera «ciudad flotante» está pensada para viviendas, oficinas y también para recibir a los turistas. En sus ocho cubiertas (o pisos) podrán vivir unas 50.000 personas y 16.000 empleados. La idea de Nixon es que el *Freedom Ship* navegue alrededor del mundo cada 2 o 3 años, pasando por los principales puertos. Claro que el proyecto plantea enormes desafíos, comenzando por su construcción, ya que no existe un astillero apropiado para semejante barco. Entonces, la propuesta es realizarlo con enormes bloques de acero ensamblados en el mar o en el Golfo de Trujillo (Honduras), como si fuera un aeropuerto flotante. Otro de los retos es la propulsión. Los ingenieros descartaron los motores diésel que usan casi todos los mercantes y la energía nuclear, reservada para naves militares. Apuestan a un centenar de motores eléctricos interdependientes, de 30.000 HP, que el capitán podrá manejar con un *joystick* y que permitirán hasta movimientos laterales. La velocidad no es un tema que preocupe y estaría limitada a 10 nudos.

# GLOSARIO

**Aluminio, aleación de.** Recibe este nombre una aleación en cuya composición el aluminio es el elemento principal o determinante.

**Arquímedes, principio de.** Principio de la física según el cual «un cuerpo total o parcialmente sumergido en un fluido en reposo recibe un empuje de abajo hacia arriba igual al peso del volumen del fluido que desaloja». Esta fuerza recibe el nombre de empuje hidrostático.

**Coral.** Celentéreo antozoo, del orden de los octocoralarios. Vive en colonias donde los individuos están unidos entre sí por un polipero calcáreo y ramificado, de color rojo o rosado.

**Differential Global Positioning System (DGPS).** Sistema de Posicionamiento Global Diferencial (GPSD). Permite determinar la posición de cualquier objeto con una precisión de 1 a 3 centímetros. Esto es menos que el rango del GPS, que suele ser de 15 metros. Para ubicar esta posición, se utilizan 4 o más satélites y trilateración.

**Draga.** Tipo de embarcación provista de instalaciones utilizadas para la limpieza y el aumento del fondo de puertos, ríos y canales.

**Fiberglás.** Material fuerte y liviano compuesto de hilos retorcidos, hechos de vidrio y plástico. Se utiliza en autos y embarcaciones.

**Geotécnica.** Recibe este nombre la aplicación de principios de ingeniería a la ejecución de obras en función de las características de los materiales de la corteza terrestre.

**Hidrófugo.** Sustancia que evita la humedad o las filtraciones.

**Hormigón o concreto.** Material que se obtiene de la mezcla de un aglomerante (en general, cemento) con arena, grava y agua. Puede contener aditivos para facilitar su preparación o mejorar sus cualidades.

**Licuefacción.** Proceso en el cual se produce la inestabilidad de los suelos, por efecto de fuerzas externas.

**Lixiviar.** Tratamiento de una sustancia compleja con un disolvente adecuado para separar sus partes solubles de las insolubles. Se puede aplicar a los minerales.

**Ósmosis.** Paso de disolvente, pero no de soluto (cuerpo disuelto), entre dos disoluciones de distinta concentración separadas por una membrana semipermeable.

**Quitina.** Hidrato de carbono nitrogenado, de color blanco, insoluble en el agua y en líquidos orgánicos. Forma parte del dermatoesqueleto de los artrópodos.

**Renderización.** Proceso que consiste en la conversión de un modelo matemático en 3D, formado por mallas, en una imagen de realidad virtual con calidad fotorrealista. Estas imágenes se conocen como *renders*.

*129*

**Resina.** Sustancia sólida o de consistencia pastosa, insoluble en el agua pero soluble en alcohol y aceites esenciales.

**Rompeolas.** Muro, de distintos materiales, que se construye en el mar para proteger de las olas una zona costera o un puerto.

**Vibrocompactación.** Técnica de vibración profunda, acompañada por la inyección de agua a presión, que permite compactar suelos granulares sin cohesión.

# BIBLIOGRAFÍA RECOMENDADA

o   Aberg, Lars. **Floating in Sausalito**. Kerber Verlag, 2016.

o   Aquarius. NASA [https://go.nasa.gov/2VKYPct].

o   ARCH 20 [https://bit.ly/2TgizCO].

o   ARQA/AR. **Oceanix City**. 2019 [https://bit.ly/2IcVZET].

o   Blasco, José Antonio. **Cómo se forjó la vieja Ámsterdam y sus canales**. 2014 [https://bit.ly/32JKOgj].

o   Blue 21 [www.blue21.nl].

o   Brant, Julia. **Agua y ciudad, sumérgete en la historia de la construcción de Venecia** [https://bit.ly/32JKT3B].

o   Buckminster Fuller. **Critical Path**. St. Martins Press, 1981.

o   Casas-barco. **House Boat Museum Ámsterdam** [houseboatmuseum.nl].

o   Civitatis Dubái [https://bit.ly/38jjkzw].

o   Clarín. **La insólita cancha de fútbol flotante**. 2014 [https://bit.ly/39gqqG8].

o   Clarín. **Las ciudades costeras que podrían quedar bajo el agua por la subida del nivel del mar**. 2019 [https://bit.ly/2TuFaL3].

o   CNN. **Observaciones satelitales revelan que el nivel del mar sigue subiendo y a una velocidad acelerada**. 2018 [https://cnn.it/2Ieid9z].

o   Cosgrave, Ellie. **The Future of Floating Cities and the Realities**. 2017 [https://bbc.in/2PGDahA].

o   De Jorge, Judith. **La foto de la NASA que ha hecho temblar a los millonarios de Dubái**. 2010 [https://bit.ly/2vzpZbh].

o   De Lánser, Victoria. **Arquitectura de madera: los palafitos**. 2014 [https://bit.ly/32HiFGW].

o   Deltawerken [https://bit.ly/2PF2owK].

- Discovery Channel. **Engineering The Impossible** [https://bit.ly/2IfBqHS].

- **Strip the City** [https://bit.ly/2voGiYH].

- DW Documental: **Venecia, una joya en oferta** [https://youtu.be/d3HjXx48Ovc].

- **Venecia se hunde** [https://bit.ly/39hcnjz].

- Dywidag [www.dywidag-systems.com].

- Emirates [https://bit.ly/2wnpXDw].

- Foundation Jacques Rougerie [www.fondation-jacques-rougerie.com].

- Freedom Ship [http://freedomship.com/freedom-ship-gallery].

- Gelles, David. *The New York Times.* **Las ciudades flotantes dejan de ser ciencia ficción**. 2017 [https://nyti.ms/3ct9EWf].

- Giambolati, Giuseppe & Pietro Teatini. **Venice Shall Rise Again**. Elsenier, 2013.

- Greenteach. **Artisanópolis, la primera ciudad flotante en aguas de la Polinesia Francesa** [https://bit.ly/2uNmT37].

- Guerra Torralba, Juan Carlos & Juan Samaniego. **Cimientos de madera, un campanario inclinado y una gigamachine: la ciencia que oculta el suelo**. 2018 [https://bit.ly/32IluHP].

- Gupte, Pranay. **Dubai: The Making of a Megalopolis**. Viking Penguin Books India, 2011.

- Haseeb, Jamal. **Palm Islands Dubái Construction, Design Facts and Technical Details**. 2017 [https://bit.ly/3akZipG].

- Heyman, Jacques. **Teoría, historia y restauración de estructuras de fábrica**. Instituto Juan de Herrera, 2015.

- Hill International [https://bit.ly/2Icy5tp].

- Hodgkinson, Thomas. **Notes from a small island: Is Sealand an independent «micronation» or an illegal fortress?** 2013 [https://bit.ly/38lKOiR].

○ Jordana, Sebastian. **Tafoni Floating Home**. 2010 [https://bit.ly/2Ibb8Xm].

○ Lenntech [https://bit.ly/2ThaLAZ].

○ Marlies Rohmer Architects & Urbanists [https://bit.ly/2TxeMA7].

○ Matsen, Bratford. **Jacques Cousteau: The Sea King**. Pantheon Books, 2009.

○ Nakheel [www.nakheel.com].

○ Oceanix [oceanix.org].

○ Oficina de Turismo de Tailandia [https://bit.ly/2PHnXgp].

○ OTEC [https://bit.ly/32HeuuL].

○ Pasotti, Jacopo. **¿Por qué se hunde Venecia?** 2019 [https://bit.ly/2Twi3jh].

○ Pollock, Emily. **UN Brings Back Controversial Flotating City Concept**. 2019 [https://bit.ly/3cvB1iL].

○ Poseidon Undersea Resorts [www.poseidonresorts.com].

○ Principado de Sealand [www.sealandgov.org/es].

○ Quirk, Joe. **Seasteading: How Floating Nations Will Restore the Environment, Enrich the Poor, Cure the Sick, and Liberate Humanity from Politicians**. Simon and Schuster, 2017.

○ Ramírez, Ana. **La casa flotante Arkup de casi cinco millones de euros que navega con energía solar**. 2019 [https://bit.ly/2wqNnYx].

○ Rougiere, Jacques. **De vingt mille lieues sous les mers à SeaOrbiter**. Democratic Books, 2010.

○ Salahuddin, B. **The Marine Environmental Impacts of Artificial Island Construction** [dissertation]. Dubái, UAE, Duke University, 2006.

○ Sansovino, Francesco. **Venezia città nobilissima et singolare**. 1663 [https://bit.ly/3ct15L0].

○ Schell, Joseph. **Sittin' on the Dock of the Bay**. 2015 [https://bit.ly/2ThZbFO].

○ Semprún Parra, Jesús Ángel *et al.* **Diccionario General del Zulía**. Sultana del Lago. 2018.

○ Shimizu Corp [https://bit.ly/2PBGeLZ].

○ Shorto, Russell. **Ámsterdam, historia de la ciudad más liberal del mundo**. Katz, Madrid, 2016.

○ Socorro, Alba. **Oceanix City: La primera comunidad flotante y sostenible**. 2019 [https://bit.ly/2PGzsVe].

○ Soles Tech [solestech.it].

○ Tafoni Water House. Joanna Borek [http://joannaborek.com].

○ Taylor-Lehman, Dylan. **Sealand: The True Story of the World's Most Stubborn Micronation and Its Eccentric Royal Family**. Diversion Books, 2020.

○ The Builder Blog. **AZ Island**. 2008 [https://bit.ly/2vAws5P].

○ The Cousteau Society [www.cousteau.org].

○ UAE. **The Impact of the Palm Islands** [https://bit.ly/3ap3nce].

○ The Netherlands Bureau for Tourism and Congresses [https://bit.ly/39mGK8o].

○ The Sea Orbiter [www.seaorbiter.com].

○ The Seasteading Institute / Floating City [www.blue-frontiers.com/es/].

○ Vadmag. **¿Un pueblo flotante en Tailandia? Ko Panyi te sorprenderá**. 2017 [https://bit.ly/2VFs7sY].

○ Venicewiki [https://bit.ly/2IbciSI].

○ Vincent Callebaut Architectures [https://bit.ly/2VGJ71Q].

○ Waterstudio, NL [waterstudio.nl].

# TÍTULOS DE LA COLECCIÓN

**Inteligencia artificial**
Las máquinas capaces de pensar ya están aquí

\*\*\*

**Genoma humano**
El editor genético CRISPR y la vacuna contra el Covid-19

\*\*\*

**Coches del futuro**
El DeLorean del siglo XXI y los nanomateriales

\*\*\*

**Ciudades inteligentes**
Singapur: la primera smart-nation

\*\*\*

**Biomedicina**
Implantes, respiradores mecánicos y cyborg reales

\*\*\*

**La Estación Espacial Internacional**
Un laboratorio en el espacio exterior

\*\*\*

**Megaestructuras**
El viaducto de Millau: un prodigio de la ingeniería

\*\*\*

**Grandes túneles**
Los túneles más largos, anchos y peligrosos

\*\*\*

**Tejidos inteligentes**
Los diseños de Cutecircuit

\*\*\*

**Robots industriales**
El Centro Espacial Kennedy

\*\*\*

**El Hyperloop**
La revolución del transporte en masa

\*\*\*

**Internet de las cosas**
El hogar inteligente

\*\*\*

**Ciudades flotantes**
Palm Jumeirah

\*\*\*

**Computación cuántica**
El desarrollo del qubit

\*\*\*

**Aviones modernos**
El Boeing 787 y el Airbus 350

\*\*\*

**Biocombustibles**
Ventajas y desventajas en un planeta sostenible

\*\*\*

**Trenes de levitación magnética**
El maglev de Shanghái

\*\*\*

**Energías renovables**
El cuidado y el aprovechamiento de los recursos

\*\*\*

**Submarinos y barcos modernos**
El Prelude FLNG

\*\*\*

**Megarrascacielos**
Los edificios que conquistan el cielo

\*\*\*

www.ingramcontent.com/pod-product-compliance
Lightning Source LLC
Chambersburg PA
CBHW062029200326
41519CB00017B/4985